应急技术与管理专业系列教材

专业性应急救援

李文峰　李博　李强　丁书浩　编著

西安电子科技大学出版社

内 容 简 介

　　本书主要围绕"专业性应急救援队伍"这一主题来讲述我国专业性应急救援相关知识。第一章总结我国主要事故灾害、自然灾害；第二章介绍我国应急管理体系；第三章阐述应急救援队伍总体分类，以及专业性应急救援队伍的职责；第四、五、六章具体讲述专业性应急救援队伍的内部分工、分布和发展历程等，以使读者对这些队伍有一个全面、清晰、具体的了解；第七章简介一些新型的现代化应急救援装备；第八章论述了专业性应急救援队伍的能力建设，特别讨论了"十四五"期间乃至更长一段时期，提升我国专业性应急救援队伍能力的措施。

　　本书可作为高等院校、职业院校应急管理类、应急技术类、安全工程类、化学工程类、防灾减灾类、地震地质类、安全监管类等相关专业的教材，也可作为从事应急管理行业的救援队员、工程技术人员、市场开发销售人员的培训教材。

图书在版编目(CIP)数据

专业性应急救援 / 李文峰等编著. --西安：西安电子科技大学出版社，2023.8
ISBN 978-7-5606-6928-1

Ⅰ. ①专…　Ⅱ. ①李…　Ⅲ. ①突发事件—救援　Ⅳ. ①X928.04

中国国家版本馆 CIP 数据核字(2023)第 112233 号

策　　划　戚文艳
责任编辑　马晓娟
出版发行　西安电子科技大学出版社(西安市太白南路 2 号)
电　　话　(029)88202421　88201467　　　　　　邮　　编　710071
网　　址　www.xduph.com　　　　　　电子邮箱　xdupfxb001@163.com
经　　销　新华书店
印刷单位　咸阳华盛印务有限责任公司
版　　次　2023 年 8 月第 1 版　　2023 年 8 月第 1 次印刷
开　　本　787 毫米×1092 毫米　1/16　印 张　14.5
字　　数　339 千字
印　　数　1～1000 册
定　　价　39.00 元
ISBN 978-7-5606-6928-1 / X

XDUP 7230001-1

如有印装问题可调换

前　言

中国是一个自然灾害和事故灾难多发、频发的国家。发生突发事件后，必须立即采取应急救援行动。应急救援行动的展开必须要有组织保障、运行保障和后勤保障，其中应急救援队伍是我国应急管理体系的重要组成部分。

"专业性应急救援"不是业界常用的一个词语，只是因为我国应急救援队伍主要分为综合性消防救援队、专业性应急救援队和社会化应急救援队等三大类。起初，笔者仅仅想向社会大众推荐介绍专业性应急救援队伍；后来围绕着这一主题和主体撰写内容越来越多、边界越来越广；最后遵从主编的意见，将书名确定为"专业性应急救援"。

笔者和专业性应急救援打交道已有将近 20 年的时间。2004 年笔者从西北工业大学博士毕业到西安科技大学工作，那时恰逢中国煤炭的"黄金十年"(2003～2012 年)，却也是煤矿安全事故的频发时期。当年全国煤矿共发生死亡事故 3639 起，总死亡人数 6027 人；2004 年 11 月 28 日，陕西省铜川矿务局陈家山煤矿更是发生了重特大瓦斯爆炸事故，死亡166 人！彼时，人们在中央电视台新闻联播中经常看到一位名叫李毅中的老领导在全国各地东奔西跑，他在 2005 年 2 月～2008 年 3 月期间担任国家安全生产监督管理总局局长，民间戏称其为"中国最大的灭火队长"，哪里发生大的矿难就奔赴哪里。此时，西安科技大学承担了国家安全生产监督管理局国家矿山救援指挥中心的一项紧急科研任务：研发"KTE5 型矿山救援可视化救援指挥系统"，将井下事故灾害现场信息传到井口，再进一步传到北京。笔者有幸加入了以徐精彩教授为课题负责人的研发团队。

研究新技术、开发新装备首先要了解国内外研究现状，徐老师带着笔者和课题组其他成员来到了河南省平顶山救护队。这时笔者才知道我们国家居然有这么一支特殊的队伍！这些人平时不显山不露水，在一个封闭的大院子里工作、训练、值班、生活，接受着准军事化的管理。一旦哪里发生事故灾害，他们就立即赶往现场并及时展开救援活动，从事着救人于水火、救人于危难的神圣工作。这些人熟练掌握应急救援专业知识和技能，同时还具备良好的身体条件、过硬的心理素质，以及奉献、敬业、团结合作的精神。

时光荏苒、岁月如梭，转眼到了 2018 年，国务院进行机构改革，在"国家安全生产监督管理总局"的基础上组建了"中华人民共和国应急管理部"，整合了 11 个部门的 13 项安全生产监督管理、防灾减灾救灾、应急救援等职责。国家安全生产应急救援指挥中心转由应急管理部管理，更名为"国家安全生产应急救援中心"，"国家矿山救援指挥中心"更名为"应急管理部矿山救援中心"。

2019 年 10 月 16 日，应急管理部与陕西省政府签约共建西安科技大学，使学校成为应急管理部首家省部共建高校。笔者也从一名年青教师成长为副教授、教授、三级教授，并且兼任了三届中国矿山救护专业委员会副秘书长。笔者从研发具体应急救援装备，转变为更关注救援队伍的建设和发展。2019 年 9 月，笔者与应急管理部规划财务司签订协议，承担其"十四五"规划重点研究课题——"十四五"专业性应急救援队伍能力建设研究；2020 年 8 月，参加了应急管理部"安全生产监管监察能力建设'十四五'规划编制"课题组；2020 年 12 月，主持了陕西省榆林高新技术产业开发区"榆林高新区应急体系建设、安全生产、综合防灾减灾'十四五'规划编制"课题。

为了完成应急管理部"十四五"规划重点研究课题，课题组成员进行了大量现场调研、网上问卷、专家咨询、会议交流以及资料搜集等工作，掌握了海量有关我国专业性应急救援队伍的资料数据，最终完成了《"十四五"专业性应急救援队伍能力建设研究》报告的撰写并通过了验收。报告成稿过程中，原国家安全生产应急救援指挥中心退休主任王志坚、高广伟两位领导，应急管理部矿山救援中心现任技术装备处处长邱雁，以及中国石化集团公司高级专家杨永钦等，提供了许多珍贵资料和宝贵修改意见。报告也凝聚了研究生张悦、王晶、侯冯欣等同学的许多心血。课题验收之后，笔者脑海里总浮现出总书记在国家综合性应急救援队授旗时说的那句训词："对党忠诚、纪律严明、赴汤蹈火、竭诚为民"。尽管专业性应急救援队伍存在着诸多问题，但他们历年来仍然表现出了强有力的战斗力，充分发扬了不怕牺牲、甘于奉献的大无畏精神，英勇顽强地与灾害事故做斗争，给国家和人民群众交上了一份满意的答卷。因此，笔者总觉得应该为这些可爱可敬的救援队指战员们做点什么。他们奉献很多、牺牲很大，社会各方面应该多了解、多关心、多支持这支队伍。于是笔者有了将报告进一步加工后出版的念头，感谢国家安全生产应急救援中心现任技术装备部处长李大武，使笔者最终下定了出版决心。

书稿撰写过程中遇到了不少困难。首先，笔者自身对自然灾害应急救援领域不是很熟悉，有些资料很难获取，有时经过努力得到一条小信息都挺激动；其次，若有具体数据相互"打架"，这时候只能通过不同信息来源相互印证。陕煤黄陵矿业有限公司救护消防大队的李博、丁书浩对危险化学品专职救援队比较熟悉，山西汾西矿业(集团)有限责任公司矿山救护大队的李强对国家级矿山专职救援队比较熟悉，他们三人完成了本书第四章"安全生产专职救援队"的编写工作。研究生赵翰林绘制了部分插图，庹璐璐、常会丽、薛严博、金进、王明芳、杨旭、潘强强等同学也参与了部分文档编写整理工作。

本书得到了应急管理部"十四五"规划重点研究课题(规划财务司-2019-25 号)、陕西省重点产业创新链项目(2020ZDLGY15-07)、陕西煤业化工集团有限责任公司科技研发类投资项目(2023SMHKJ-B-51)、延长石油 5G 融通设计项目、榆林市智慧能源大数据应用重点实验室科研项目，以及 2023 碑林区科技计划项目等的资助，在此表示感谢！

限于笔者水平，书中难免存在不妥之处，请广大读者批评指正。联系方式：liwenfeng@xust.edu.cn 或 liwenfeng@zhongnanxinxi.com。

作　者

2022 年 11 月于西安科技大学

目 录

第一章　我国突发公共事件

"突发公共事件"是国内学者对于"破坏人们正常的生产生活秩序和状态"的突发事件所给出的常用称谓，与国外的"Incident(突发事件)"或者"Emergency(紧急事态)"相对应。

2007年8月30日，中华人民共和国第十届全国人民代表大会常务委员会第二十九次会议通过了《中华人民共和国突发事件应对法》，并由中华人民共和国主席胡锦涛颁布主席令，自2007年11月1日起施行。2021年12月20日，第十三届全国人民代表大会常务委员会第三十二次会议对其进行了修订。

《中华人民共和国突发事件应对法》所称突发事件，是指突然发生，造成或者可能造成严重社会危害，需要采取应急处置措施予以应对的事件。本书将突发事件和突发公共事件视为同义。

《中华人民共和国突发事件应对法》规定，根据突发事件的发生过程、性质和机理，"突发事件"主要分为四类，即事故灾难、自然灾害、公共卫生事件和社会安全事件(见图1.1)。这四大类突发事件还可以再细分，比如：

(1) 事故灾难，主要包括工矿商贸等企业的各类生产安全事故、交通运输事故、公共设施和设备事故、环境污染事件和生态破坏事件等(见图1.2)。

(2) 自然灾害，主要包括水灾旱灾、气象灾害、地震灾害、地质灾害、海洋灾害、生物灾害、森林草原火灾和城乡火灾等(见图1.3)。

(3) 公共卫生事件，主要包括传染病疫情、群体性不明原因疾病、食品安全和职业危害、动物疫情，以及其他严重影响公众健康和生命安全的事件。

(4) 社会安全事件，主要包括恐怖袭击事件、游行示威、经济安全事件和涉外突发事件等。

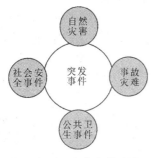
图1.1　突发事件分类

图1.2　事故灾难分类

图1.3　自然灾害分类

1

在中国，公共卫生事件主要划归国家卫生健康委员会负责，社会安全事件主要由公安部负责，本书主要讲述中华人民共和国应急管理部负责的事故灾难和自然灾害。

按照社会危害程度、影响范围等因素，事故灾难、自然灾害、公共卫生事件分为特别重大、重大、较大和一般四级。

1.1 事故灾难概述

事故灾难(Disaster)指具有灾难性后果的事故。事故灾难是在人们生产、生活过程中发生的，直接由人的生产、生活活动引发的，违反人们意志的、迫使活动暂时或永久停止，并且造成大量的人员伤亡、经济损失或环境污染的意外事件。

我国在事故灾难领域的应对以预防防护和应急救援为主，辅助以监测预警和应急服务。为降低我国事故灾难发生次数和概率，2020 年我国在安全预防体系建设方面开展了专项整治。

1.1.1 生产安全事故

生产安全事故(Production Safety Accident)指生产经营单位在生产经营活动中突然发生的，伤害人身安全和健康，或者损坏设备设施，或者造成经济损失的，导致原生产经营活动暂时中止或永远终止的意外事件。

我国安全生产事故灾难主要聚集在风险高、隐患多、事故易发多发的煤矿、非煤矿山、危险化学品、消防、交通运输、工业园区、城市建设、危险废物处理等行业领域，为此国务院 2020 年适时推出《全国安全生产专项整治三年行动计划》，启动全国安全生产专项整治三年行动。

2002 年 6 月 29 日，第九届全国人民代表大会常务委员会第二十八次会议通过《中华人民共和国安全生产法》，并分别于 2009 年 8 月 27 日第十一届全国人民代表大会常务委员会第十次会议、2014 年 8 月 31 日第十二届全国人民代表大会常务委员会第十次会议和 2021 年 6 月 10 日第十三届全国人民代表大会常务委员会第二十九次会议进行了第一次、第二次和第三次修正。

《中华人民共和国安全生产法》规定，生产安全事故划分为一般事故、较大事故、重大事故、特别重大事故。

依据我国《生产安全事故应急条例》《生产安全事故报告和调查处理条例》等相关法律法规，根据生产安全事故造成的人员伤亡或者直接经济损失，事故等级判定标准如下：

(1) 特别重大事故：30 人以上死亡，或者 100 人以上重伤(包括急性工业中毒，下同)，或者 1 亿元以上直接经济损失的事故；

(2) 重大事故：10 人以上 30 人以下死亡，或者 50 人以上 100 人以下重伤，或者 5000 万元以上 1 亿元以下直接经济损失的事故；

(3) 较大事故：3 人以上 10 人以下死亡，或者 10 人以上 50 人以下重伤，或者 1000 万元以上 5000 万元以下直接经济损失的事故；

(4) 一般事故：3 人以下死亡，或者 10 人以下重伤，或者 1000 万元以下直接经济损失的事故。

近年来，我国的安全生产形势虽然保持持续稳定的向好态势，但是事故灾难仍然频发，随着社会的发展，事故种类也日渐增多。从近十年事故灾难来看，事故发生的主要原因为工作人员操作不当导致严重事故、设施设备老化导致严重事故、违规改建导致严重事故等。

据应急管理部发布的数据统计：2021 年全年全国各类生产安全事故共死亡 26 307 人。

图 1.4 和表 1.1 分别为 2012～2021 年全国各类生产安全事故总死亡人数统计图表。

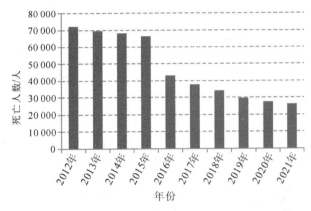

图 1.4　2012～2021 年全国各类生产安全事故总死亡人数

表 1.1　2012～2021 年全国各类生产安全事故总死亡人数统计　　单位：人

年　份	2012	2013	2014	2015	2016	2017	2018	2019	2020	2021	平均
死亡人数	71 983	69 434	68 061	66 182	43 062	37 852	34 046	29 519	27 412	26 307	47 386

1. 工矿商贸企业事故

2021 年全年工矿商贸企业就业人员 10 万人生产安全事故死亡人数为 1.374 人，比 2020 年上升 5.6%。图 1.5 和表 1.2 分别为 2017～2021 年工矿商贸企业就业人员 10 万人生产安全事故死亡人数统计图表。

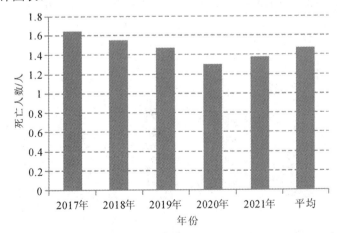

图 1.5　2017～2021 年工矿商贸企业就业人员 10 万人生产安全事故死亡人数

表 1.2　2017～2021 年全国工矿商贸企业就业人员 10 万人生产安全事故死亡人数统计

单位：人

年　份	2017	2018	2019	2020	2021	平均
死亡人数	1.639	1.547	1.474	1.301	1.374	1.467

2. 矿山事故

截至 2021 年底，我国现有煤矿矿井 4500 余座，非煤矿山 30 000 余座。全国煤炭产量为 41.3 亿吨，官方统计数据首次突破 40 亿吨关卡，创历史新高，占世界总产量(81.73 亿吨)的一半。

纵观 40 余年来全国煤矿安全生产形势，有三个阶段性明显特征：1978 年至 2002 年，是煤矿事故高位波动阶段，每年死亡人数基本在 5000 人以上，百万吨死亡率在 4.5 以上；2003 年至 2012 年(煤炭"黄金十年"期间)，是事故快速下降阶段，死亡人数年均减少 560 人(其中 2007 年接近 1000 人)，百万吨死亡率降到 1 以下；2013 年至今，是事故稳定下降阶段，死亡人数降到 1000 人以下，年均减少 200 人，百万吨死亡率均在 0.3 以下，2018 年煤矿百万吨死亡率进入"双零"时代，逐步接近中等发达国家水平。

2021 年全国矿山安全生产形势保持了稳定向好的良好势头，全年煤矿百万吨死亡人数 0.045 人，比 2020 年下降 23.7%。图 1.6 为 2012～2021 年全国煤矿百万吨死亡人数。

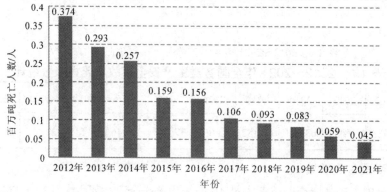

图 1.6　2012～2021 年全国煤矿百万吨死亡人数

2021 年，全国矿山共发生事故 356 起、死亡 503 人，其中煤矿事故 91 起、死亡 178 人，非煤矿事故 265 起、死亡 325 人；非煤矿事故数量、死亡人数占比为 74.4% 和 64.6%，形势严峻。图 1.7 为 2017～2021 年全国矿山事故统计。

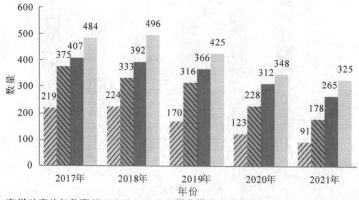

图 1.7　2017～2021 年全国矿山事故统计

3. 危险化学品事故灾难

(1) 危险化学品分类

危险化学品(Dangerous Chemical)指具有毒害、腐蚀、爆炸、燃烧、助燃等性质,对人体、设施、环境具有危害性的剧毒化学品和其他化学品。

危险化学品事故指在生产、储存、使用、经营、运输危险化学品和处置废弃危险化学品的过程中,由危险化学品直接或间接引发的人员伤亡、财产损失或环境污染事故。

危险化学品主要包含八大类行业:

① 第一类行业:爆炸品行业。爆炸品指在外界作用下(如受热、摩擦、撞击等)能发生剧烈的化学反应,瞬间产生大量的气体和热量,使周围的压力急剧上升,发生爆炸,对周围环境、设备、人员造成破坏和伤害的物品。爆炸品在国家标准中分为五项,其中有三项包含危险化学品,另外两项专指弹药等。

第一项:具有整体爆炸危险的物质和物品,如高氯酸。

第二项:具有燃烧危险和较小爆炸危险的物质和物品,如二亚硝基苯。

第三项:无重大危险的爆炸物质和物品,如四唑并-1-乙酸。

② 第二类行业:压缩气体和液化气体行业。压缩气体和液化气体指压缩的、液化的或加压溶解的气体。这类物品当受热、撞击或强烈震动时,容器内压力急剧增大,致使容器破裂,物质泄漏、爆炸等。压缩气体和液化气体分为三项。

第一项:易燃气体,如氨气、一氧化碳、甲烷等。

第二项:不燃气体(包括助燃气体),如氮气、氧气等。

第三项:有毒气体,如氯(液化的)、氨(液化的)等。

③ 第三类行业:易燃液体行业。易燃液体物质在常温下易挥发,其蒸气与空气混合能形成爆炸性混合物。易燃液体分为三项。

第一项:低闪点液体,即闪点低于 -18℃的液体,如乙醛、丙酮等。

第二项:中闪点液体,即闪点在 -18～23℃(<23℃)的液体,如苯、甲醇等。

第三项:高闪点液体,即闪点在 23℃以上的液体,如环辛烷、氯苯、苯甲醚等。

④ 第四类行业:易燃固体、自燃物品和遇湿易燃物品行业。这类物品易于引起火灾,按它的燃烧特性分为三项。

第一项:易燃固体,指燃点低,对热、撞击、摩擦敏感,易被外部火源点燃,迅速燃烧,能散发有毒烟雾或有毒气体的固体,如红磷、硫黄等。

第二项:自燃物品,指自燃点低,在空气中易于发生氧化反应放出热量而自行燃烧的物品,如黄磷、三氯化钛等。

第三项:遇湿易燃物品,指遇水或受潮时,发生剧烈反应,放出大量易燃气体和热量的物品,有的不需明火就能燃烧或爆炸,如金属钠、氰化钾等。

⑤ 第五类行业:氧化剂和有机过氧化物行业。这类物品具有强氧化性,易引起燃烧、爆炸,按其组成分为两项。

第一项:氧化剂,指具有强氧化性,易分解放出氧和热量的物质,对热、震动和摩擦比较敏感,如氯酸铵、高锰酸钾等。

第二项:有机过氧化物,指分子结构中含有过氧键的有机物,其本身是易燃易爆、极易分解的,对热、震动和摩擦极为敏感,如过氧化苯甲酰、过氧化甲乙酮等。

⑥ 第六类行业：毒害品行业。毒害品指进入人(动物)肌体后，累积达到一定的量能与体液和组织发生生物化学作用或生物物理作用，扰乱或破坏肌体的正常生理功能，引起暂时或持久性的病理改变，甚至危及生命的物品，如各种氰化物、砷化物、化学农药等。

⑦ 第七类行业：放射性物品行业。放射性物品属于危险化学品，但不属于《危险化学品安全管理条例》的管理范围，有专门的条例来管理。

⑧ 第八类行业：腐蚀品行业。腐蚀品指能灼伤人体组织并对金属等物品造成损伤的固体或液体。这类物质按化学性质分为三项。

第一项：酸性腐蚀品，如硫酸、硝酸、盐酸等。

第二项：碱性腐蚀品，如氢氧化钠、硫氢化钙等。

第三项：其他腐蚀品，如二氯乙醛、苯酚钠等。

据中国产业经济信息网报道，2021年我国石油和化工行业实现营业收入14.45万亿元，占全国GDP的13.8%，占全球化工产值的40%，居世界第一。到2021年年底，规模以上企业有26 947家。

(2) 危化行业事故灾难特点

危化工业园区的发展既是一个经济发展要素聚集的过程，又是一个事故风险集聚的过程。工业企业高度集中是工业园区的典型特征，其中生产制造型企业的事故风险在所有类型的产业企业中是最高的。随着工业园区的蓬勃发展，工业园区(尤其是化工园区)的事故风险也日益突出。

① 工业危险源集中，事故风险高后果强度大。根据公共安全研究中的危险能量理论，危险物品越多，事故后果危害越大。工业园区各类制造型企业集中，普遍存在重大危险源，数量众多且储量巨大。相对于单一企业或者其他区域而言，整个园区的事故后果强度明显增加。尤其是化工园区，它聚集了大量石化、化工企业，这些企业生产所用的原料、中间体甚至产品大多是危险化学品，而且大多又在高(低)温、高(低)压等作业环境下进行生产，工艺比较复杂，操作条件严格，稍有不慎，就可能发生危险化学品泄漏、火灾、爆炸、中毒等事故。此外，由于化工园区内的企业普遍对水资源(包括运输)需求较大，常常设立在江河湖泊等邻近地，所以一旦发生火灾、爆炸或危险化学品泄漏事故，就可能对水源和生态造成严重破坏。

② 危险源企业之间相互影响，易引发多米诺连锁事故。由于园区内企业之间，特别是各个危险源企业之间往往距离较近，并且有时共用园区的许多公用基础设施(包括物料输送管网等)，若一个企业发生事故，往往直接或间接影响其他一个或多个企业，从而容易引发多米诺事故。

③ 企业之间既独立又相互关联，对整体安全管理带来新挑战。工业园区内一家企业的产品有时是另一家企业的生产原料，大多数企业之间特别是一些化工簇群企业之间的生产关联非常紧密。这些企业在事故风险控制方面相互影响，又是各自独立的法人单位，如何对这些企业进行有效的管理已成为园区安全生产监管工作的新课题。尤其是园区在发展过程中，原先的一些大企业将自身的部分通过市场交易剥离出来，即园区在实际发展过程中已脱离了当初的规划模式，这种发展模式很容易导致事故风险监管产生新的盲区，那些原本统一由总公司进行管理的事故风险责任无法得到很好落实。

④ 危险源周边的脆弱性目标规划布局不合理。一些工业园区在起步阶段招商引资难度较大，常常对申请进入园区的企业采取"来者不拒"的态度，而很少考虑区域的要素禀赋差异和资源结构，更谈不上产业的导向性。工业园区之间(甚至是同一个市县区内)相互争夺资源和区位优势，而缺少对区内企业布局以及整体发展目标的规划。企业特别是具有危险源的企业，与园区内的一些脆弱性目标之间缺少应有的安全距离，事故风险人为增加。许多工业园区在最初选址时多位于偏远的城乡接合部，但随着城市化进程的不断加快，这些园区又逐步成为城市区域的一部分，以往的安全距离、危险物品的运输路线等都面临新的影响因素，原先的安全状态已变得不再安全。

一方面，工业园区内生活区与工业区相邻，有时互相渗透。以天津经济技术开发区为例，最初建区时基本是工业区，没有生活区。但后来由于生活配套等原因，逐渐形成了如今的工业区与生活区共存的状况，其中部分生活区已被企业所包围或半包围。另一方面，工业园区内一些危险源周边存在着职工公寓或者劳动密集型企业，人口密度大。在工业园区的建设过程中，有时考虑到职工就近上下班，常常在工业园区内建立了职工公寓。园区路上常有危险化学品运输车辆通行，承运者为了抄近路，常常行驶到生活区内或者行驶到通往生活区的交通要道上，给人们的日常生活带来了严重威胁。当然此类现象不仅仅在国内存在，在印度等许多国家，尤其是发展中国家也普遍存在。

⑤ 工业园区许多宏观因素导致工业园区事故发生概率增加。工业园区凭借其规模效应和聚集效应，能够带来巨大的经济效益，并强有力地拉动地方经济，因此成为地方政府争相发展的目标，有些地方甚至将园区的数量、规模、发展速度和经济效益列入地方政绩的考核指标当中。这就造成工业园区的效益导向明显，注重发展速度和效果，而忽视了产业选择的合理性、产业布局的科学性、增长方式的可持续性等。这些宏观因素看似抽象，但却间接或者直接导致了园区发展速度与安全水平的失衡，在快速发展的同时，埋下大量的事故风险隐患，特别是制度上的漏洞、对风险管理的忽视、事故风险分析和控制能力的缺失，使工业园区的事故风险概率显著增加。

⑥ 应急救援能力与园区的实际需求不匹配。许多园区在发展过程中都经历过"僧多粥少"的招商引资困境，企业选址时随意性较大，缺乏整体规划，应急设备、设施以及机构的设置也缺乏科学性，导致救援能力与实际需求不匹配。

总之，对于工业园区而言，除了单一企业各自的事故风险以外，由于企业之间相互影响、园区内脆弱性目标的存在等原因，使得工业园区的事故风险变得更宏观、更复杂，事故风险后果的严重性远远高于单一企业发生事故所导致的后果。而这种事故风险一旦变成现实危险，将会给工业园区带来巨大的损失甚至灾难性后果。危险化学品作为一种特殊的商品，具有毒害、腐蚀、爆炸、燃烧、助燃等性质，在生产、储存、运输、经营、使用等过程中极易发生泄漏、燃烧爆炸、中毒、环境污染等事故。由于化工企业生产运行的固有特点及高危行业属性，带来了安全生产的不确定性。

我国化工行业体量大、危险化学品生产企业点多面广，危化事故灾难社会影响大，如2019年造成78人死亡、76人重伤的江苏响水"3·21"大爆炸事故(见图1.8)、2020年造成20人死亡的浙江温岭"6·13"槽罐车爆炸事故(见图1.9)、2021年造成25人死亡、138人受伤的"6·13"十堰燃气爆炸事故(见图1.10)，监管难度较大。

图 1.8　2019 年江苏响水"3·21"大爆炸事故现场照片

图 1.9　2020 年浙江温岭"6·13"槽罐车爆炸事故现场照片

图 1.10　2021 年湖北十堰"6·13"燃气爆炸事故现场照片

为此，应急管理部 2019 年 8 月推出《化工园区安全风险排查治理导则》，将化工园区分为 A 类(高安全风险)、B 类(较高安全风险)、C 类(一般安全风险)和 D 类(较低安全风险)，推进"工业互联网+安全生产"行动计划，推进智慧园区建设。

4. 隧道施工事故

数据显示，截至 2020 年底，中国铁路营业里程达 14.6 万公里，其中投入运营的铁路隧道有 16 798 座，总长约 19 630 公里，其中特长铁路隧道(长度在 10 公里以上)有 209 座，总长 2811 公里。中国已投入运营的高速铁路总长约 3.7 万公里，投入运营的高速铁路隧道共 3631 座，总长约 6003 公里，其中特长隧道 87 座，总长约 1096 公里。

截至 2019 年底，我国铁路与公路隧道总长达到 3.7 万公里。全国公路、铁路在建隧道 19 421 座，总长 23 339.7 公里。其中正在施工建设的川藏铁路从四川盆地到青藏高原，依次经过四川盆地、川西高山峡谷区、川西高山原区、藏东南横断山区、藏南谷地区等五个地貌单元，全线建筑长度约 1600 公里，隧道总约 1100 公里，最长隧道长度超过 40 公里。沿线地形条件极其复杂，横穿地球上地质活动最剧烈、地质状况最复杂的横断山脉，地层岩性水文环境复杂多变，存在深大断裂带、高地温、高地应力、岩爆、软岩大变形、泥石流、滑坡等不良地质灾害，自然气候极端恶劣，建设运营安全风险巨大。根据近年来国际隧协与地下空间协会(ITA)统计，中国在建隧道规模达世界在建隧道规模的 50% 左右，我国已是隧道数量最多、建设规模最大、发展速度最快的隧道大国。

2015～2019 年全国较大以上隧道施工安全事故分布见图 1.11。

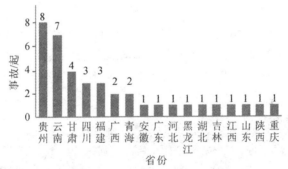

图 1.11　2015～2019 年全国较大以上隧道施工安全事故分布

1.1.2　交通运输事故

道路运输、民航铁路等交通运输是我国安全生产事故灾难的重灾区。

据公安部统计，2021 年全国机动车保有量达 3.95 亿辆，其中汽车 3.02 亿辆；机动车驾驶人达 4.81 亿人，其中汽车驾驶人为 4.44 亿人；全国新注册登记机动车 3674 万辆，新领证驾驶人为 2750 万人。

交通运输事故(Traffic Accident)，指车辆等运输工具在道路上因过错或者意外造成人身伤亡或者财产损失的事件。交通事故不仅是由不特定的人员违反道路交通安全法规造成的，也可以是由于地震、台风、山洪、雷击等不可抗拒的自然灾害造成的。

2021 年我国道路运输重大事故时有发生，货车、农用车违规载人事故反复发生，客车重大事故和重大涉险事故多发。2021 年，我国交通事故死亡人数为 61 703 人，受伤人数为

250 723 人。机动车交通事故发生数量为 211 074 起，非机动车交通事故发生数量为 29 969 起。我国以世界 3%的汽车保有量，制造了全球 16%的死亡人数。表 1.3 为 2017～2021 年我国交通事故发生数量、死亡人数及受伤人数统计。

表 1.3　2017～2021 年全国交通事故发生数量及死亡人数

年　　份	2017	2018	2019	2020	2021	平均
交通事故发生数量/万次	20.3	24.49	24.76	23.19	21.1	22.77
交通事故死亡人数/人	63 772	63 194	62 763	65 239	61 703	63 334
交通事故受伤人数/万人	20.96	25.85	25.61	24.47	25.07	24.39

2021 年我国道路交通事故万车死亡人数为 1.57 人，较 2020 年减少 0.09 人，同比下降 5.42%。图 1.12 为 2017～2021 年全国道路交通事故万车死亡人数统计。

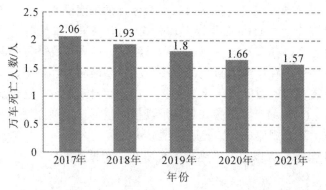

图 1.12　2017～2021 年全国道路交通事故万车死亡人数

2017 年 8 月 10 日 23 时，陕西安康境内京昆高速公路秦岭 1 号隧道，发生一起大客车碰撞隧道口的交通事故，造成 36 人死亡、13 人受伤，直接经济损失为 3533 余万元(见图 1.13)。

图 1.13　2017 年陕西安康京昆高速"8·10"特别重大道路交通事故现场照片

1.2　我国自然灾害概述

自然灾害(Natural disasters)，指给人类生存带来危害或损害人类生活环境的自然现象，

包括干旱、高温、低温、寒潮、洪涝、山洪、台风、龙卷风、火焰龙卷风、冰雹、风雹、霜冻、暴雨、暴雪、冻雨、酸雨、大雾、大风、结冰、霾、雾霾、地震、海啸、滑坡、泥石流、浮尘、扬沙、沙尘暴、雷电、雷暴、球状闪电、火山喷发等。据民政部相关机构 1949 年至 2004 年间我国自然灾害事件的有关统计表明，我国发生的自然突发事件主要分布在洪涝、地震、台风、旱灾、雪灾、滑坡和火灾等几大类。

我国属于多灾多害的国家，70% 以上的城市、50% 以上的人口分布在气象、地震、地质、海洋等类型灾害的高风险区；58% 的国土面积、82% 的省会城市、60% 的地级市、54% 的县城处于 7 度及以上地震高烈度区；69% 的国土面积存在较高滑坡、泥石流、崩塌等地质灾害风险。人们生产活动的快速发展和生物圈、大气圈以及地质地理环境等的变化，使得气象灾害、水圈灾害以及地质灾害的发生频率和爆发密集程度均呈现增长趋势。我国虽然建立了各种自然灾害监测体系，但是针对自然灾害应急防护体系的专项建设是从 2002 年才开始的，未来任务艰巨。

我国是世界上自然灾害最为严重的国家之一。据应急管理部数据，2021 年我国自然灾害造成的经济损失为 3340.2 亿元。

表 1.4 为 2012～2021 年全国自然灾害造成的直接经济损失统计，图 1.14 为 2012～2021 年全国自然灾害造成的直接经济损失图。总体来看，2012～2021 年自然灾害呈现较明显的波动趋势，自然灾害造成的经济损失年平均保持在 3700 亿元。

表 1.4　2012～2021 年全国自然灾害造成的直接经济损失　　单位：亿元

年份	2012	2013	2014	2015	2016	2017	2018	2019	2020	2021	平均
经济损失	4185.5	5808.4	3373.8	2700	5032.9	3018.7	2644.6	3270.9	3701.5	3340.2	3707.6

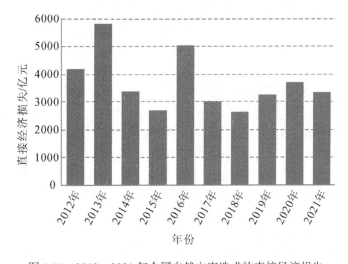

图 1.14　2012～2021 年全国自然灾害造成的直接经济损失

从受灾人口层面来看，2012～2021 年全国自然灾害受灾人口和受灾死亡失踪人口均呈现波动下降趋势(见图 1.15)。

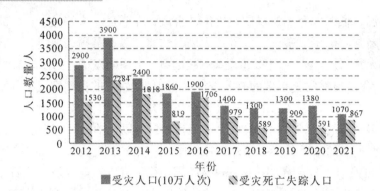

图 1.15　2012～2021 年全国自然灾害受灾人口和受灾死亡失踪人口

1. 森林草原火灾

森林草原火灾是指失去人为控制，在森林内和草原上自由蔓延和扩展，给森林草原、生态系统和人类带来一定危害和损失的林草火燃烧现象。森林草原火灾是一种突发性强、破坏性大、处置救助较为困难的自然灾害。大面积森林火灾被联合国列为世界八大主要自然灾害之一，也是突发公共事件之一。

2021 年 12 月，自然资源部副部长、国家海洋局局长王宏表示，国土绿化"十三五"规划主要任务全面完成，2020 年底全国森林覆盖率达到 23.04%，森林面积达到 2.2 亿公顷，森林蓄积量超过 175 亿立方米。

森林覆盖率是指森林面积占土地总面积的比率，是反映一个国家(或地区)森林资源和林地占有的实际水平的重要指标，一般使用百分比表示。

中国国土辽阔，森林覆盖率地区差异大，全国绝大部分森林资源集中分布于东北、西南等边远山区及东南丘陵。我国森林草原火灾风险区分布也主要集中在东北和西南地区。

我国森林面积位居世界第五位，森林蓄积位居世界第六位，人工林面积持续位居世界首位。在全球 2000 年到 2017 年新增绿化面积中，约 1/4 来自中国，贡献比例居全球首位。到 2025 年，我国森林覆盖率将提高到 24.1%，森林蓄积量达到 190 亿立方米，草原综合植被盖度将达到 57%，湿地保护率达到 55%，以国家公园为主体的自然保护地面积占陆域国土面积的比例将超过 18%。

根据受害森林面积和伤亡人数，森林火灾分为特别重大森林火灾、重大森林火灾、较大森林火灾和一般森林火灾等四级。

(1) 特别重大森林火灾：受害森林面积在 1000 公顷以上的，或者死亡 30 人以上的，或者重伤 100 人以上的。

(2) 重大森林火灾：受害森林面积在 100 公顷以上 1000 公顷以下的，或者死亡 10 人以上 30 人以下的，或者重伤 50 人以上 100 人以下的。

(3) 较大森林火灾：受害森林面积在 1 公顷以上 100 公顷以下的，或者死亡 3 人以上 10 人以下的，或者重伤 10 人以上 50 人以下的。

(4) 一般森林火灾：受害森林面积在 1 公顷以下或者其他林地起火的，或者死亡 1 人以上 3 人以下的，或者重伤 1 人以上 10 人以下的。

草原火灾等级划分是根据受害草原面积、伤亡人数和经济损失，分为特别重大草原火

灾、重大草原火灾、较大草原火灾和一般草原火灾等四级。

(1) 特别重大草原火灾：受害草原面积 8000 公顷以上的，或者死亡 10 人以上的或者死亡和重伤合计 20 人以上的，或者直接经济损失 500 万元以上的。

(2) 重大草原火灾：受害草原面积 5000 公顷以上 8000 公顷以下的，或者死亡 3 人以上 10 人以下，或者死亡和重伤合计 10 人以上 20 人以下的，或者直接经济损失 300 万元以上 500 万元以下的。

(3) 较大草原火灾：受害草原面积 1000 公顷以上 5000 公顷以下的，或者死亡 3 人以下，或者重伤 3 人以上 10 人以下的，或者直接经济损失 50 万元以上 300 万元以下的。

(4) 一般草原火灾：受害草原面积 10 公顷以上 1000 公顷以下的，或者重伤 1 人以上 3 人以下的，或者直接经济损失 5000 元以上 50 万元以下的。

我国是森林火灾高发的国家，每年森林火灾造成的损失较为严重，特别重大森林火灾时有发生。如 1987 年 5 月 6 日发生在黑龙江省大兴安岭地区的特大森林火灾，造成 477 人伤亡，直接经济损失 5 亿多元。2019 年 3 月 30 日，四川省凉山州木里县发生特大森林火灾，共造成 30 人死亡。

据统计，2012～2021 年期间，全国共发生森林火灾 26244 起，受害森林面积为 13.31 万公顷，人员伤亡 484 人。2012～2021 年全国森林草原火灾统计见表 1.5。

表 1.5 2012～2021 年全国森林草原火灾统计

年 份		2012	2013	2014	2015	2016	2017	2018	2019	2020	2021	平均
火灾次数	一般	3965	3929	3700	2930	1933	3216	2473	2336	1146	616	2624
	较大	1	0	2	6	1	4	3	8	7	0	3.2
	重大	0	0	1	0	0	3	2	1	0	0	0.7
	特大	0	0	0	0	0	0	0	0	0	0	0
	合计	3966	3929	3703	2936	2034	3223	2478	2345	1153	616	2638
受灾面积/公顷		13 948	13 724	19 110	12 940	6223	24 502	16 309	13 505	8526	4292	13 308
人员伤亡/人		21	55	112	26	36	46	39	76	41	32	48.4

2. 地震灾害

地震灾害(Earthquake Disaster)指由地震引起的强烈地面振动及伴生的地面裂缝和变形，使各类建(构)筑物倒塌和损坏，设备和设施损坏，交通、通信中断和其他生命线工程设施等被破坏，以及由此引起的火灾、爆炸、瘟疫、有毒物质泄漏、放射性污染、场地破坏等造成人畜伤亡和财产损失的灾害。

地震震源放出的能量大小，表征地震强弱，称为震级(Ms)，地震震级分为九级，震级越大，地震释放的能量越大，世界上最大的地震震级为 9 级。按震级大小又可分为七类：超微震(震级小于 1 级)、弱震(震级小于 3 级，人们一般不易觉察)、有感地震(震级大于等于 3 级、小于 4.5 级，人们能够感觉到，但一般不会造成破坏)、中强震(震级大于等于 4.5 级、小于 6 级，可造成破坏的地震)、强震(震级大于等于 6 级、小于 7 级)、大地震(震级大于等于 7 级)和巨大地震(震级大于等于 8 级)。地震影响和破坏大小，称为烈度，我国把地震烈度划分为 12 度，烈度越高，破坏越严重。

13

按《国家地震应急预案》要求，地震灾害分为特别重大、重大、较大、一般四级。

(1) 特别重大地震灾害：指造成 300 人以上死亡(含失踪)，或者直接经济损失占地震发生地省(区、市)上年国内生产总值 1%以上的地震灾害。

人口较密集地区发生 7.0 级以上地震，人口密集地区发生 6.0 级以上地震，初判为特别重大地震灾害。

(2) 重大地震灾害：指造成 50 人以上、300 人以下死亡(含失踪)，或者造成严重经济损失的地震灾害。

人口较密集地区发生 6.0 级以上、7.0 级以下地震，人口密集地区发生 5.0 级以上、6.0 级以下地震，初判为重大地震灾害。

(3) 较大地震灾害：指造成 10 人以上、50 人以下死亡(含失踪)，或者造成较重经济损失的地震灾害。

人口较密集地区发生 5.0 级以上、6.0 级以下地震，人口密集地区发生 4.0 级以上、5.0 级以下地震，初判为较大地震灾害。

(4) 一般地震灾害：指造成 10 人以下死亡(含失踪)，或者造成一定经济损失的地震灾害。

人口较密集地区发生 4.0 级以上、5.0 级以下地震，初判为一般地震灾害。

我国国土面积约 960 万平方公里，人口约 13.95 亿，人口密度大，是世界上地震灾害最严重的国家。我国位于世界两大地震带——环太平洋地震带与欧亚地震带之间，受太平洋板块、印度板块和菲律宾海板块的挤压，地震断裂带十分活跃。

中国主要地震带可划分为：

(1) 东南沿海及台湾地震带；

(2) 燕山南麓，华北平原两侧与太行山东麓、山西中部盆地和渭河盆地地震带；

(3) 贺兰山、六盘山，向南横越秦岭，至滇东地区地震带；

(4) 喜马拉雅—滇西地区，是地中海—南亚地震带经过中国的部分；

(5) 从西昆仑至祁连山和河西走廊地震带；

(6) 新疆帕米尔至天山南北地震带。

中国占世界 7%的土地，占全球 33%的大陆强震，是世界上大陆强震最多的国家。有记载以来，我国各省均发生过 5 级以上地震，30 个省发生过 6 级以上地震，20 个省发生过 7 级以上地震。49%的国土、45%的县级市、62%的地级市处于 7 度以上烈度区。中国地震活动频度高、强度大、震源浅，分布广。20 世纪死亡超过 20 万人的地震共发生过 4 次，其中 1976 年唐山 7.8 级地震造成 242 769 人死亡、16.4 万人重伤，直接经济损失人民币 100 亿元；2008 年四川汶川地震造成 69 227 人死亡、374 643 人受伤，直接经济损失人民币 8452 亿元。

我国 6 级以上强震情况统计如下：

(1) 1556 年中国陕西华县发生震级为 8 级地震，死亡人数高达 83 万人，是目前世界已知死亡人数最多的地震。

(2) 1668 年 7 月 25 日晚 8 时左右，山东郯城发生震级为 8.5 级的大地震，波及 8 省 161 县，是中国历史上地震中最大的地震之一，破坏区面积 50 万平方公里以上，史称"旷古奇灾"。

(3) 1920 年 12 月 16 日 20 时 5 分 53 秒，中国宁夏海原县发生震级为 8.5 级的强烈地震，死亡 28 万人，毁城四座，数十座县城遭受破坏。

(4) 1927 年 5 月 23 日 6 时 32 分 47 秒，中国甘肃古浪发生震级为 8 级的强烈地震。死亡 4 万余人。地震发生时，土地开裂，冒出发绿的黑水，硫黄毒气横溢，熏死饥民无数。

(5) 1932 年 12 月 25 日 10 时 4 分 27 秒，中国甘肃昌马堡发生震级为 7.6 级的大地震。死亡 7 万人。地震发生时，有黄风白光在黄土墙头"扑来扑去"，山岩乱蹦冒出灰尘，中国著名古迹嘉峪关城楼被震坍一角，疏勒河南岸雪峰崩塌，千佛洞落石滚滚……余震频频，持续竟达半年。

(6) 1933 年 8 月 25 日 15 时 50 分 30 秒，中国四川茂县叠溪镇发生震级为 7.5 级的大地震，死亡 2 万余人。地震发生时，地吐黄雾，城郭无存，巨大山崩使岷江断流，堰塞成湖。

(7) 1950 年 8 月 15 日 22 时 9 分 34 秒，中国西藏察隅县发生震级为 8.5 级的强烈地震，死亡近 4000 人。喜马拉雅山几十万平方公里大地瞬间面目全非，雅鲁藏布江在山崩中被截成四段，整座村庄被抛到江对岸。

(8) 邢台地震由两个大地震组成：1966 年 3 月 8 日 5 时 29 分 14 秒，河北省邢台专区隆尧县发生震级为 6.8 级的大地震；1966 年 3 月 22 日 16 时 19 分 46 秒，河北省邢台专区宁晋县发生震级为 7.2 级的大地震。两次大地震共死亡 8064 人，伤 38 000 人，经济损失 10 亿元。

(9) 1970 年 1 月 5 日 1 时 0 分 34 秒，中国云南省通海县发生震级为 7.7 级的大地震，死亡 15 621 人，伤残 32 431 人。为中国 1949 年以来继 1954 年长江大水后第二个死亡万人以上的重灾。

(10) 1975 年 2 月 4 日 19 时 36 分 6 秒，中国辽宁省海城县(现改为海城市)发生震级为 7.3 级的大地震。由于此次地震被成功预测预报，巨大和惨重的损失得以避免，它因此被称为 20 世纪地球科学史和世界科技史上的奇迹。

(11) 1976 年 7 月 28 日 3 时 42 分 54 点 2 秒，中国河北省唐山市发生震级为 7.8 级的大地震，死亡 24.2 万人，重伤 16 万人，一座重工业城市毁于一旦，直接经济损失 100 亿元以上，为 20 世纪世界上人员伤亡最大的地震。

(12) 1988 年 11 月 6 日 21 时 3 分、21 时 16 分，中国云南省澜沧、耿马发生震级为 7.6 级(澜沧)、7.2 级(耿马)的两次大地震。相距 120 公里的两次地震，时间仅相隔 13 分钟，两座县城被夷为平地，伤 4105 人，死亡 743 人，经济损失 25.11 亿元。

(13) 2008 年 5 月 12 日 14 时 28 分，四川汶川县发生震级为 8.0 级地震，直接严重受灾地区达 10 万平方公里。69 227 人遇难，374 643 人受伤，失踪 17 923 人。

2012～2021 年全国五级以上地震灾害损失统计见表 1.6。2012～2021 年全国五级以上地震造成的直接经济损失见图 1.16。

表 1.6　2012～2021 年全国五级以上地震灾害损失

年　份	2012	2013	2014	2015	2016	2017	2018	2019	2020	2021
灾害次数/次	12	14	5	29	33	19	31	30	20	20
死亡人数/人	86	294	624	34	2	37	0	19	5	9
失踪人数/人	0	0	112	0	0	1	0	0	0	0
受伤人数/人	1279	15 965	3688	1218	103	543	85	427	35	不详
直接经济损失/亿元	82.88	995.36	358.5	180	66.87	148	30	59	18.47	160.5

图 1.16　2012～2021 年全国五级以上地震造成的直接经济损失

3. 洪涝灾害

洪涝灾害(flood disaster)包括洪水灾害和雨涝灾害两类。其中，由于强降雨、冰雪融化、冰凌、堤坝溃决、风暴潮等原因引起江河湖泊及沿海水量增加、水位上涨而泛滥以及山洪暴发所造成的灾害称为洪水灾害；因大雨、暴雨或长期降雨量过于集中而产生大量的积水和径流，排水不及时，致使土地、房屋等渍水、受淹而造成的灾害称为雨涝灾害。由于洪水灾害和雨涝灾害往往同时或连续发生在同一地区，有时难以准确界定，往往统称为洪涝灾害。

洪涝灾害是我国发生最为频繁、影响最为广泛、损失最为严重的自然灾害之一。

我国地域宽广，气候和地形差异大，境内主要有"七大江河流域"，分别是长江流域、黄河流域、珠江流域、海河流域、淮河流域、松花江流域和辽河流域，也称之为"七大水系"，表 1.7 为我国七大江河流域基本情况一览表。

表 1.7　我国七大江河流域基本情况一览表

流域名称	长度/km	面积/km²	流经省(区、市)	水文泥沙特征	较大支流
长江	6300	1 808 500	青、藏、川、滇、鄂、湘、赣、皖、苏、沪	径流丰沛、含沙量低	雅砻江、岷江、嘉陵江、乌江、湘江、沅江、汉江、赣江
黄河	5464	752 443	青、川、甘、宁、蒙、晋、陕、豫、鲁	径流相对较大，含沙量很大	大夏河、洮河、大通河、无定河、汾河、渭河、伊洛河
珠江	2214	453 690	云、贵、桂、粤、湘、赣、香港、澳门	径流十分丰沛，含沙量很低	北盘江、柳江、郁江、桂江、珠江、贺江、连江
海河	1090	318 200	京、津、冀、晋、豫、鲁、蒙	径流相对较大，含沙量大	潮白河、永定河、大清河、子牙河、南运河、北运河、蓟运河
淮河	1000	269 283	豫、皖、苏	径流较丰沛、含沙量低	洪汝河、沙颍河、西淝河、涡河、浍河、漴潼河、新汴河、史灌河、澧河、东淝河、池河
松花江	2308	557 180	蒙、吉、黑	径流中等、含沙量低	嫩江、牡丹江、呼兰河、汤旺河、绰尔河、倭肯河、拉林河、都鲁河、呼尔达河、玛河、梧桐河、泥河
辽河	1390	228 960	蒙、吉、辽	径流相对较少，含沙量中等	老哈河、教来河、西拉木伦河、东辽河、招苏台河、清河、柴河秀水河、柳河、绕阳河

据 2020 年统计，全国 31 个省、自治区、直辖市中，流域面积在 10 000 平方公里及以上河流数量达 362 条，长度达 13 6721 公里；流域面积在 1000 平方公里及以上河流数量达 2617 条，长度达 391 448 公里；流域面积在 100 平方公里及以上河流数量达 24 117 条，长度达 1 120 608 公里；流域面积在 50 平方公里及以上河流数量达 46 796 条，长度达 1 514 592 公里。河网密度(每平方公里面积内河流总长度)总体是南方大、北方小，东部大、西部小。另外，我国共有 9.8 万多座水库，其中 9.4 万多座是小型水库，有一部分存在病险。

洪涝灾害是我国长时期最严重的自然灾害，二千多年来，较大洪水平均每两年发生一次，图 1.17 为建于明代的荆州万寿宝塔，由于大堤不断加高，塔基已低于堤面七米多。

洪水造成的经济损失，是所有自然灾害中最多的，约占自然灾害经济损失的一半左右，图 1.18 为 2017 年长江流域洪涝灾害现场照片。

图 1.17　建于明代的荆州万寿宝塔

2012～2021 年全国洪涝灾害情况统计见表 1.8，图 1.19 为 2012～2021 年因灾死亡人数、倒塌房屋和直接经济损失。洪涝灾害经济损失占比自然灾害的比重如图 1.20 所示。

图 1.18　2017 年长江流域洪涝灾害现场照片

表1.8 2012～2021年全国洪涝灾害情况统计

年 份	2012	2013	2014	2015	2016	2017	2018	2019	2020	2021
受灾面积/千公顷	11 218.09	11 777.53	5919.43	6132.08	9443.26	5196.47	6427	6680	7190	11739
成灾面积/千公顷	5871.41	6540.81	2829.99	3053.84	5063.49	2781.19	2585	2802	2706.1	4813
死亡人数/人	673	775	486	319	686	316	219	658	279	590
倒塌房屋/万间	58.6	53.36	25.99	15.23	42.77	13.78	9.7	12.6	10.0	15.2
直接经济损失/亿元	2675.32	3155.74	1573.55	1660.75	3643.26	2142.53	1615	1923	2670	2458.9

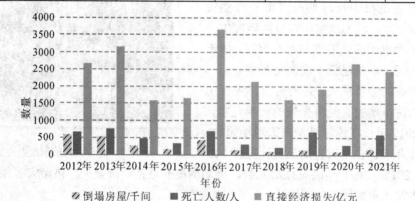

图1.19 2012～2021年全国洪涝灾害情况统计

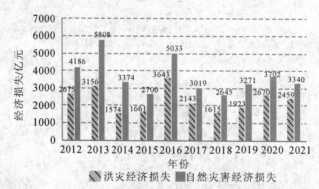

图1.20 洪灾直接经济损失在自然灾害直接经济损失中的比重

4. 地质灾害

地质灾害(geological disaster)指在自然或者人为因素的作用下形成的,对人类生命财产、环境造成破坏和损失的地质作用(现象)。如崩塌、滑坡、泥石流、地裂缝、水土流失、土地沙漠化及沼泽化、土壤盐碱化,以及地震、火山、地热害等。

我国地质条件复杂,山地丘陵约占国土面积的65%,构造活动频繁,在地质条件不稳定的地区,地质灾害隐患多、分布广,防范难度大。依据地形地貌、地质构造、岩土体类

型、降水以及地下水等自然条件和人为活动因素，全国分成地质灾害易发区和非易发区，其中易发区又分为高、中、低易发区(见表 1.9)。

表 1.9 全国地质灾害分布基本情况

灾害区分	分 布 区 域	影响范围
高易发区	西南山区、秦巴山区、湘鄂桂山区、西北黄土高原区、华北平原、汾渭盆地、长江三角洲等地区	180 万 km²
中易发区	长江中游中低山地丘陵区、大别山、太行山、长白山、青藏高原东南部及伊犁河谷区、珠江三角洲等地区	270 万 km²
低易发区	阴山、贺兰山、青藏高原中西部、新疆西北部等地区	250 万 km²
非易发区	松辽平原、南阳盆地、内蒙古中平原、河套平原、成都平原、准格尔盆地、塔里木盆地等地区	260 万 km²

据国土自然资源部数据显示，目前全国已登记的地质灾害隐患点有 288 525 处，其中崩塌 67 478 处，滑坡 148 214 处，泥石流 31 687 处，其他地质灾害合计 41 146 处。其中地质灾害高、中易发区为重点防治区，共涉及 1700 个县(市、区)，分为 12 个区域，见表 1.10，以云南、四川、重庆、陕西、甘肃、湖南、江西、广东、广西等省发生地质灾害最为频繁。

表 1.10 全国地质灾害重点防治区域

序号	区域	地质灾害影响范围	灾害成因	灾害重点
1	云贵高原防治区	四川东南部、重庆东南部、云南东北部和贵州东北部	山地丘陵地带，山高坡陡谷深，山间及河谷盆地碳酸盐岩广布，岩溶发育	城镇等人口密集区和水电工程、矿区等重大工程所在区域的崩塌、滑坡和地面塌陷灾害
2	川西川南滇西北防治区	四川西部、南部和云南西部、北部，地貌以高山、中山为主，怒江、澜沧江、金沙江、大渡河、安宁河、雅砻江等通过该区	地质构造复杂，地形陡峭，地震频发，岩体破碎，松散碎屑物质丰富，地震次生地质灾害发育，降雨充沛	人口聚集区、重要交通干线两侧、重要水利水电工程区的崩塌、滑坡和泥石流灾害
3	桂北防治区	广西北部，范围包括柳州、桂林、贵港和河池等地区	峰林平原、丘陵盆地，地形切割较强，降水量丰富	人口聚集区、能源基地、重大交通工程和大型水利水电工程区的崩塌和地面塌陷灾害
4	珠江三角洲防治区	广东东南部，范围包括珠江三角洲的广州、深圳、江门、惠州等城市	隐伏碳酸盐岩发育，河口及海岸带新近沉积分布广泛	广州及其周边等地区的地面塌陷和珠江三角洲海岸带地区的地面沉降灾害
5	东南沿海防治区	东南部的浙江、福建、江西大部地区和广东的丘陵地区	受台风影响明显，以构造侵蚀中低山为主，山高坡陡，地形地貌复杂	浙闽赣粤丘陵地区的台风暴雨型滑坡和碎屑流灾害

续表

序号	区域	地质灾害影响范围	灾害成因	灾害重点
6	长江三峡及鄂西湘西防治区	三峡库区和湖北西南部、湖南西部地区	地貌以中山为主，坡陡谷深，岩质松散，降雨充沛	水利水电工程区、河流两岸、交通干线沿线、重要基础设施区和人口集中居住区的崩塌和滑坡灾害
7	长江中游防治区	湖北东南部、湖南中部和江西西部地区	浅覆盖岩溶发育，人类工程活动强烈	城镇人口密集区、矿山和重要交通干线的地面塌陷、崩塌和滑坡灾害
8	长江三角洲及江浙沿海防治区	上海、江苏南部及沿海地区、浙江北部及东南沿海地区	淤泥质软土及砂性土普遍分布，新近河口沉积广布	上海、苏锡常、扬通泰、杭嘉湖、甬台温等城市、海岸带等地区及高速铁路沿线的地面沉降和地裂缝灾害
9	秦巴山区及汶川地震灾区防治区	陕西和甘肃南部、四川北部及东北部	山高谷深，地形起伏大，地震频发，岩土体破碎，斜坡稳定性差，地震次生地质灾害发育	交通干线两侧、人口密集区的崩塌、滑坡和泥石流灾害
10	汾渭盆地防治区	陕西关中盆地和山西汾河谷地	河床沉降，人类工程活动多	西安、太原和大同等地级以上城市和高速铁路沿线的地裂缝和地面沉降灾害
11	黄土高原防治区	陕西西部、青海东部、甘肃六盘山区、宁夏南部、伊犁河谷和山西西北部	构造运动活跃，历史地震频发，黄土下伏地层复杂，黄土盖层厚，土质较疏松，沟谷切割深，存在大面积采空塌陷	重要城镇和人口密集区、重要交通干线沿线和重要工矿区的黄土崩塌、滑坡和地面塌陷灾害
12	华北平原及黄淮地区防治区	华北平原及黄淮平原	第四纪沉积厚度大，地下水开发程度强烈，是我国地面沉降范围最广、平均沉降速率最大的地区	重要城镇及高速铁路沿线的地面沉降和地裂缝灾害

　　我国是世界上地质灾害特别严重的国家之一，地质灾害种类多，分布范围广，发生频率高，危害程度大。全国各省(区、市)几乎无一不受到地质灾害的危害和生态环境恶化的威胁，2012～2021 年来全国地质灾害平均每年造成的直接经济损失为 44.46 亿元(见表 1.11)，灾害次数、经济损失和死亡、失踪人数统计图见图 1.21、图 1.22。2010 年 8 月 7 日 22 时左右，甘肃舟曲特大山洪泥石流灾害造成 1481 人遇难，284 人失踪，损毁房屋 5508 间。2019 年 7 月 23 日，贵州省六盘水市水城县(现改为水城区)鸡场镇坪地村发生特大山体滑坡事故，造成 21 栋房屋被埋，13 人死亡，32 人失联(见图 1.23)。随着国家地震及地质灾害

各项应急预案及防灾减灾措施的完善，死亡人数和直接经济损失相对呈现下降趋势。

表 1.11　2012～2021 年全国地质灾害损失统计

年　份	2012	2013	2014	2015	2016	2017	2018	2019	2020	2021	平均
灾害次数	14 675	15 374	10 907	8 224	9 710	7 521	2 966	6 181	7 840	4 772	8 817
死亡人数/人	293	482	349	229	370	329	105	211	117	80	256.5
失踪人数/人	192	188	51	58	35	25	7	13	22	11	60
受伤人数/人	636	929	627	422	593	523	185	299	197	不详	
直接经济损失/亿元	62.5	104.4	56.7	25.05	35.43	35.95	14.71	27.7	50.2	32	44.46

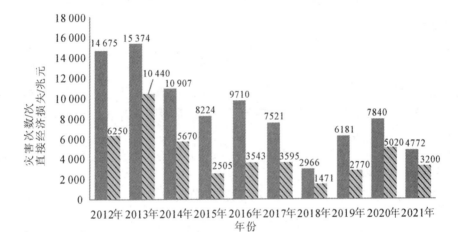

图 1.21　2012～2021 年全国地质灾害次数、直接经济损失统计

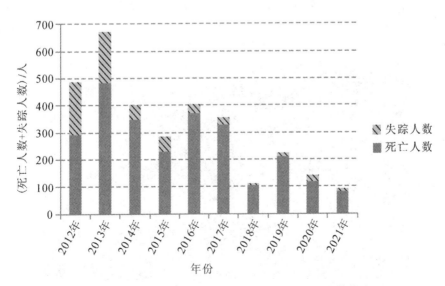

图 1.22　2012～2021 年全国地质灾害死亡、失踪人数统计

图 1.23 2019 年 7 月 23 日贵州省六盘水市水城县(区)鸡场镇坪地村发生特大山体滑坡事故

5. 气象灾害

气象灾害(Meteorological Disaster)指大气对人类的生命财产和国民经济建设及国防建设等造成的直接或间接的损害。

气象灾害是自然灾害之一，主要有暴雨、雨涝、干旱、干热风、高温、热浪、热带气旋、冷害、冻害、冻雨、结冰、雪害、雹害、风害、龙卷风、雷电、连阴雨(淫雨)、浓雾、低空风切变等。

中国是世界上自然灾害发生十分频繁、灾害种类甚多，造成损失十分严重的少数国家之一，下面是几个案例。

(1) 中国气象局国家气候中心 2022 年 4 月 25 日发布：2021 年全国气象灾害造成农作物受灾面积 1171.8 万公顷。

(2) 2021 年 7 月 17~23 日，河南省遭遇历史罕见特大暴雨，全省平均过程降雨量 223 毫米，郑州气象观测站最大小时降雨量突破我国大陆有记录以来小时降雨量历史极值。特大暴雨灾害造成全省 16 市 150 个县(市、区)1478.6 万人受灾，因灾死亡失踪 398 人，紧急转移安置 149 万人；倒塌房屋 3.9 万间，严重损坏 17.1 万间，一般损坏 61.6 万间；农作物受灾面积 873.5 千公顷；直接经济损失 1200.6 亿元(见图 1.24)。

图 1.24 2021 年 7 月 17 郑州火车东站遭遇历史罕见特大暴雨现场

(3) 2019 年 8 月 10 日第 1909 号超强台风"利奇马"在浙江省温岭市沿海登陆，这是 1949 年以来登陆我国大陆地区强度为第五位的超强台风，共造成浙江、山东、江苏、安徽、辽宁、上海、福建、河北、吉林 9 省(市)64 市 403 个县(市、区)1402.4 万人受灾，因灾死亡 57 人，失踪 14 人，紧急转移安置 209.7 万人；1.5 万间房屋倒塌，13.3 万间不同程度损坏；农作物受灾面积 1137 千公顷，其中绝收 93.5 千公顷；直接经济损失 537.2 亿元(见图 1.25)。

图 1.25　超强台风"利奇马"在浙江省温岭市沿海登陆

(4) 2018 年 3 月 29 日晚，贵州中西部地区出现雷雨、大风、冰雹等强对流天气，造成水果、蔬菜、小麦等作物受灾。据统计，六盘水、安顺、毕节等 4 市(自治州)13 个县(市、区)9.8 万人受灾；200 余间房屋不同程度损坏；农作物受灾面积 5.4 千公顷，其中绝收 900 余公顷；直接经济损失 1.9 亿元(见图 1.26)。

图 1.26　风雹致贵州毕节市赫章县蔬菜受灾现场

6. 城乡火灾

火灾(fire)指在时间或空间上失去控制的燃烧所造成的灾害。在各种灾害中，火灾是最经常、最普遍的威胁公众安全和社会发展的主要灾害之一。

城乡火灾参照生产安全事故等级标准划分为一般火灾、较大火灾、重大火灾、特别重大火灾。

2012～2021年全国城市乡村火灾统计见表1.12，2012～2021年全国因火灾死亡人数和直接经济损失见图1.27。

表 1.12 2012～2021 年全国城市乡村火灾统计

年 份		2012	2013	2014	2015	2016	2017	2018	2019	2020	2021	平均
全国全年火灾数量/万起		15.2	38.9	39.5	33.8	31.2	28.1	23.7	23.3	25.2	74.8	33.37
火灾类型	较大/起	60	117	73	60	64	65	67	73	65	84	72.8
	重大/起	2	4	4	2	0	6	4	1	1	2	2.6
	特重大/起	2	0	0	4	0	6	5	0	0	0	1.7
死亡人数/人		1028	2113	1817	1742	1582	1390	1407	1335	1183	1987	1558
受伤人数/人		575	1637	1493	1112	1065	881	798	837	775	2225	1139
直接经济损失/亿元		21.8	48.5	43.9	43.6	37.2	36.0	36.75	36.12	40.09	67.5	41.15

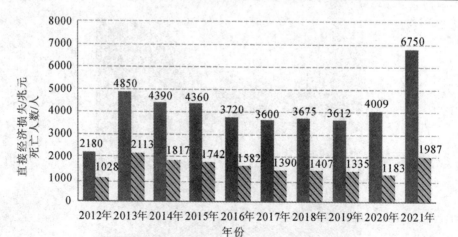

图 1.27　2012～2021 年全国因火灾死亡人数和直接经济损失

近年来我国的社会用电量持续上升，由此带来的安全风险持续增加。

图 1.28 为 2021 年全国火灾起因分布情况统计，从历年我国火灾起因分布情况统计分析看，电气火灾占比最高。

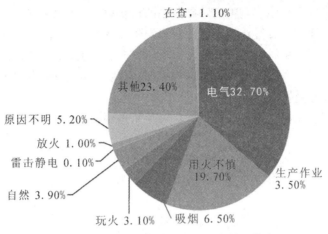

图1.28　2021年全国火灾起因分布情况统计

从电气火灾的分类看，因短路、过负荷、接触不良等线路问题引发的占总数的68.9%，因设备故障、使用不当等问题引发的占总数的26.2%，其他电气原因引发的占4.9%，其中，电动自行车引发的火灾不容忽视。2020年全国36起电气引发的较大火灾中，有11起已查明系电动自行车引起，占总数的30.6%。

据公安部统计，截至2022年6月底，全国新能源汽车保有量达1001万辆，由此带来的火灾风险将持续增大。

1.3　我国事故灾难、自然灾害情况小结

表1.13为2021年以及近十年来事故灾害死亡人数、直接经济损失统计比较。

表1.13　2021年以及近十年来事故灾害死亡人数、直接经济损失统计

事故灾害损失	生产安全事故	矿山事故	交通事故	自然灾害	洪涝灾害	地震灾害	地质灾害	森林草原火灾	城乡火灾
2021年死亡人数	26 307	503	61 703	867	590	9	80	32（伤亡合计）	1987
近十年平均死亡人数	47 386	701	63 334	1209	500	111	256.5	48.4（伤亡合计）	1558
2021年直接经济损失/亿元	不详	不详	不详	3340.2	2458.0	160.5	32.0	不详	67.5
近十年平均直接经济损失/亿元	不详	不详	不详	3707.6	2351.8	210.0	44.5	不详	41.15

对于事故灾难，社会更关注死亡人数，近年来每年因事故造成的人员死亡总数在十万人左右。全国安全生产形势总体保持稳定向好势头。

交通事故是事故灾难的重灾区，每年因交通事故死亡的人数在六万人以上。

　　"十四五"时期，我国安全生产基础薄弱的现状短期内难以根本改变，危险化学品、矿山、交通运输、建筑施工等传统高危行业和消防领域安全风险隐患仍然突出，各种公共服务设施、超大规模城市综合体、人员密集场所、高层建筑、地下空间、地下管网等大量建设，导致城市内涝、火灾、燃气泄漏爆炸、拥挤踩踏等安全风险隐患日益凸显，重特大事故在地区和行业间呈现波动反弹态势。

　　对于自然灾害，大家更聚焦经济损失，近年来每年因灾造成的直接经济损失总量在三千亿元以上。

　　洪水造成的经济损失，是所有自然灾害中最多的，占自然灾害经济损失的一半以上；其次，地震灾害在自然灾害中死亡比例高(约占自然灾害致人死亡总人数的 54%)、救援难度大。

　　我国自然灾害死亡人口、经济损失总体呈现波动下降趋势。

　　"十四五"时期，随着全球气候变暖，我国自然灾害风险进一步加剧，极端天气趋强趋重趋频，台风登陆更加频繁、强度更大，降水分布不均衡、气温异常变化等因素导致发生洪涝、干旱、高温热浪、低温雨雪冰冻、森林草原火灾的可能性增大，重特大地震灾害风险形势严峻复杂，灾害的突发性和异常性愈发明显。

　　火灾既有人为因素、也有自然因素。城乡火灾人为因素占比大，森林草原火灾自然因素居多。无论是从死亡人数、还是从经济损失方面来看，在各种事故灾害中，火灾是最经常、最普遍的威胁公众安全和社会发展的主要灾害之一。

第二章 应急管理部与我国应急救援体系

通过第一章的讲述，可以知道我国是一个自然灾害、事故灾难多发频发的国家。发生突发事件后，必须立即采取应急处置措施。统计表明：有效的应急救援可将事故灾害损失降低到无应急救援的 6%，是保障遇难被困人员生命的重要手段。

进入二十一世纪以来，人们更是很明显地感受到突发公共事件的显著增加。如何以国家行为应对各种突发公共事件，成为一段时期以来社会关注的焦点。

2018 年应急管理部的设立正是以一种国家行为来应对各种突发事件。

2.1 应急管理部简介

2.1.1 我国应急管理体制的发展历程

我国应急管理体制经历了三个历史发展阶段，1949～2002 年，属于分散应对时期；2003～2017 年，是分类集中应对时期；2018 年至今，则进入了跨类综合应对时期(见图 2.1)。

图 2.1 我国应急管理体制经历的三个历史发展阶段

1. 分散应对时期(1949～2002 年)

这一时期，各类突发事件均由相关部门、行业领域进行独立应对。我国建立了国家地震局、水利部、林业部、煤炭部、中国气象局、国家海洋局等专业性防灾减灾机构，一些机构又设置若干二级机构以及成立了一些救援队伍，形成了各部门独立负责各自管辖范围内的灾害预防和抢险救灾的模式，这一模式趋于分散管理、单项应对。

该时期我国政府对洪水、地震等自然灾害的预防与应对尤为重视，但相关组织机构职能与权限划分不清晰，在应对突发事件时，政府实行党政双重领导，多采取"人治"方式，应急响应过程往往是自上而下地传递计划指令，是被动式的应对。同时政府应急力量分散，表现为应对"单灾种"多，应对"综合性突发事件"少，处置各类突发事件的部门多，但大多部门都是"各自为政"。

为提高政府应对各种灾害和危机的能力，中国政府于1989年4月成立了中国国际减灾十年委员会，后于2000年10月更名为中国国际减灾委员会。

1999年，朱镕基总理提出政府建立一个统一的社会应急联动中心，将公安、交管、消防、急救、防洪、护林防火、防震、人民防空等政府部门纳入统一的指挥调度系统。

2001年2月，为适应我国安全生产工作的需要，进一步加强对安全生产的监督管理，预防和减少各类伤亡事故，中华人民共和国国家经济贸易委员会设立国家安全生产监督管理局。

2002年7月，中央编办批准成立国家局矿山救援指挥中心，2003年2月正式挂牌。矿山救援指挥中心受局委托，组织协调全国矿山应急救援工作，是国家矿山应急救援体系的主要载体，在26个采煤省建立了省级矿山救援指挥中心。

在此阶段，当重特大事件发生时，通常会成立一个临时性协调机构以开展应急管理工作，但在跨部门协调时，工作量很大，效果不好。

2. 分类集中应对时期(2003～2017年)

这一时期，主要以"一案三制"(应急预案、应急体制、应急机制、应急法制)建设为核心，各类突发事件由"分散单一应对"向"综合集中应对"转变。

2003年春，我国经历了一场由"非典"疫情引发的从公共卫生到社会、经济、生活全方位的突发公共事件。应急管理工作得到政府和公众的高度重视，全面加强应急管理工作开始起步。

2005年2月，根据《国务院关于国家安全生产监督管理局(国家煤矿安全监察局)机构调整的通知》(国发〔2005〕4号)，国家安全生产监督管理局调整为国家安全生产监督管理总局，规格为正部级，为国务院直属机构。

2006年2月挂牌成立国家安全生产救援指挥中心，为国务院安全生产委员会办公室领导，国家安全生产监督管理总局管理的事业单位，履行全国安全生产应急救援综合监督管理的行政职能，协调、指挥安全生产事故灾难应急救援工作。后陆续成立了32个省级、317个市级、1277个县级安全生产应急管理机构，总人数约8900人(见图2.2)。

2006年4月，国务院办公厅设置国务院应急管理办公室(国务院总值班室)，履行值守应急、信息汇总和综合协调职能，发挥运转枢纽作用。这是我国应急管理体制的重要转折点，标志着突发事件应急管理体制、机制从事前、事中、事后进行全过程的管理，是综合性应急体制形成的重要标志。

2007年制定了《中华人民共和国突发事件应对法》，将突发事件分为自然灾害、事故灾难、公共卫生和社会安全等四大类，每一类由分管部门组织应对。国务院及各分管部门编制了国家总体应急预案和各部门、各类突发事件专项预案，建立了横向到边、纵向到底的预案体系。

图 2.2　2006 年国家安全生产应急救援指挥中心成立大会照片

同时，处理突出问题及事件的统筹协调机制不断完善，国家防汛抗旱总指挥部、国家森林防火指挥部、国务院抗震救灾指挥部、国家减灾委员会、国务院安全生产委员会等议事协调机构的职能不断完善。此外，专项和地方应急管理机构力量得到充实，防汛抗旱、抗震救灾、森林防火、安全生产、公共卫生、公安、反恐、海上搜救和核事故应急等专项应急指挥系统进一步得到完善，解放军和武警部队应急管理的组织体系得到加强，形成了"国家建立统一领导、综合协调、分类管理、分级负责、属地管理为主的应急管理体制"的格局。

这一时期，在安全生产，尤其矿山安全生产领域基本形成由各级安全监管监察部门、矿山应急救援指挥机构统一指挥，国家队、区域队为支撑，省级骨干矿山应急救援队伍和各矿山企业救援队为主要力量，兼职矿山救援队为补充力量的矿山应急救援体系。

国务院安全生产委员会主要职能是统一和加强对全国安全生产工作的领导和协调；国家安全生产监督管理总局行使国家煤矿安全监察职权；国家矿山救援指挥中心承担组织、指导、协调全国矿山救护及其应急救援工作。省级应急救援指挥中心承担组织、协调省内矿山救援体系建设及矿山救援工作组织、指导矿山救援队伍的建设、技能培训、救灾演练及达标认证工作；组织、协调省内跨地区矿山救援工作等职能。

国家矿山救援指挥中心还配备了矿山救援技术专家组，矿山救援技术专家组分为医疗组、瓦斯组、火灾组、水灾组、顶板组、特殊技术组，其主要作用是为矿山事故救援、矿山事故调查提供专家支持。根据级别的不同，专家组包括国家级、省级、市区级等。矿山救护专业委员会隶属于中国煤炭工业劳动保护科学技术学会，主要协助国家矿山救援指挥中心做好矿山应急救援机制和队伍建设，同时为事故应急救援提供专家支持。国家矿山救援技术研究中心由煤炭科学研究总院、西安科技大学、中国矿业大学(北京)和武汉安全环保研究院四家单位组成，负责研究矿山灾害成因、事故与预警与防治技术、事故救援技术及事故装备研发等。国家矿山救援技术培训中心由华北科技学院和平顶山煤业集团安全技

29

术培训中心两家单位组成，负责救援大队指挥员和救援中队长以下指挥员的救援技术培训工作。

3. 跨类综合应对时期(2018年至今)

这一时期，组建了应急管理部，将自然灾害、事故灾难两类突发事件的应急管理工作合而为一，向"全灾种、大应急"应对模式转变。

为了防范化解重特大安全风险，健全公共安全体系，整合优化应急力量和资源，推动形成"统一指挥、专常兼备、反应灵敏、上下联动、平战结合"的中国特色应急管理体制，提高防灾减灾救灾能力，确保人民群众生命财产安全和社会稳定，2018年3月，国务院机构改革决定组建"中华人民共和国应急管理部"(见图2.3)。应急管理部将自然灾害、事故灾难两类突发事件的应急管理工作合而为一。公共卫生、社会安全两类突发事件的应对工作职能还保留在各自的部门。

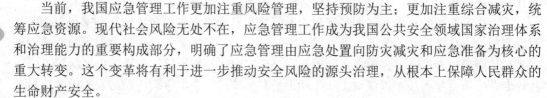

图2.3　2018年3月"应急管理部"成立

纵观我国应急管理工作发展历程，从单项应对发展到综合协调，再发展到综合应急管理模式，我国应急管理工作理念发生了重大变革，即从被动应对到主动应对，从专项应对到综合应对，从应急救援到风险管理。

当前，我国应急管理工作更加注重风险管理，坚持预防为主；更加注重综合减灾，统筹应急资源。现代社会风险无处不在，应急管理工作成为我国公共安全领域国家治理体系和治理能力的重要构成部分，明确了应急管理由应急处置向防灾减灾和应急准备为核心的重大转变。这个变革将有利于进一步推动安全风险的源头治理，从根本上保障人民群众的生命财产安全。

2.1.2　应急管理部的职责

"应急管理部"将分散在国家安全生产监督管理总局的全职责，国务院办公厅的应急管理单项职责，公安部的消防应急管理单项职责，民政部的救灾单项职责，国土资源部(现自然资源部)的地质灾害防治单项职责，水利部的水旱灾害防治单项职责，农业部(现农业农村部)的草原防火单项职责，国家林业局(现林业和草原局)的森林防火单项职责，中国地震局的震灾应急救援单项职责，以及国家防汛抗旱总指挥部全职责，国家减灾委员会全职责，国务院抗震救灾指挥部全职责，国家森林防火指挥部全职责进行整合，推动形成"统一指挥、专常兼备、反应灵敏、上下联动、平战结合"的中国特色应急管理体制，提高防灾减灾救灾能力，确保人民群众生命财产安全和社会稳定(见图2.4)。

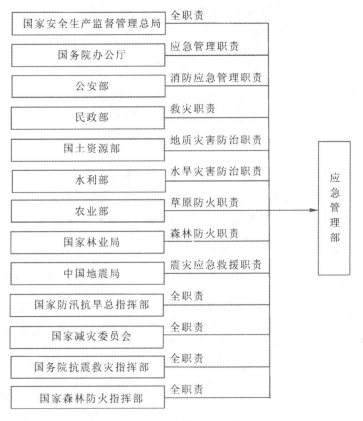

图2.4　应急管理部职责

应急管理部主要职责如下：

(1) 组织编制国家应急总体预案和规划，指导各地区各部门应对突发事件工作，推动应急预案体系建设和预案演练。

(2) 建立灾情报告系统并统一发布灾情，统筹应急力量建设和物资储备并在救灾时统一调度，组织灾害救助体系建设，指导安全生产类、自然灾害类应急救援，承担国家应对特别重大灾害指挥部工作。

(3) 指导火灾、水旱灾害、地质灾害等防治。

(4) 负责安全生产综合监督管理和工矿商贸行业安全生产监督管理等。

(5) 公安消防部队、武警森林部队转制后，与安全生产等应急救援队伍一并作为综合性常备应急骨干力量，由应急管理部管理，实行专门管理和政策保障，采取符合其自身特点的职务职级序列和管理办法，提高职业荣誉感，保持有生力量和战斗力。

(6) 应急管理部要处理好防灾和救灾的关系，明确与相关部门和地方各自职责分工，建立协调配合机制。

简言之，应急管理部主要职责，即安全生产监督管理、防灾减灾救灾、应急救援(见图2.5)。

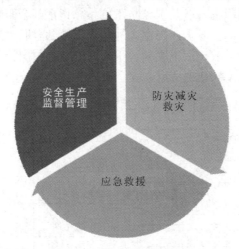

图 2.5　应急管理部主要职责

应急管理部内设机构(见图2.6)，与应急救援业务相关的单位为中国地震局、消防救援局、森林消防局、国家安全生产应急救援中心以及应急管理部矿山救援中心等。

议事机构	部机关司局(综合职能)	部机关司局(应急救援灾害防治职能)
1. 国家防汛抗旱总指挥部 2. 国务院抗震救灾指挥部 3. 国务院安全生产委员会 4. 国家森林草原防灭火指挥部 5. 国家减灾委员会	1. 办公厅 2. 应急指挥中心 3. 人事司 4. 教育训练司 5. 政策法规司 6. 国际合作和救援司 7. 规划财务司 8. 新闻宣传司 9. 科技和信息化司 10. 机关党委 11. 离退休干部局	12. 风险监测和综合减灾司 13. 救援协调和预案管理局 14. 火灾防治管理司 15. 防汛抗旱司 16. 地震和地质灾害救援司 17. 救灾和物资保障司
部属单位 1. 国家矿山安全监察局 2. 中国地震局 3. 消防救援局 4. 森林消防局 5. 国家安全生产应急救援中心		**部机关司局(安全生产监督管理职能)** 18. 安全生产综合协调司 19. 危险化学品安全监督管理一司 20. 危险化学品安全监督管理二司 21. 安全生产执法和工贸安全监督管理局 22. 调查评估和统计司
	派驻机构 中央纪委国家监委驻应急部纪检监察组	

图 2.6　应急管理部组织机构

2.1.3　应急管理部应急救援业务部门

1. 中国地震局

中国地震局负责管理全国地震工作，经国务院授权承担《中华人民共和国防震减灾法》赋予的行政执法职责。中国地震局成立于1971年，时称国家地震局，1998年更名为中国地震局，2018年由中华人民共和国应急管理部管理。

应急管理部中国地震局管理机构的设置是：办公室、监测预报司、震害防御司、公共服务司(法规司)、科技与国际合作司、规划财务司、人事教育司、直属机关党委、离退休干部办公室、机关服务中心。直属单位有：地球物理研究所、地质研究所、地震预测研究所、工程力学研究所、中国地震台网中心、中国地震灾害防御中心、发展研究中心、地球物理勘探中心、第一监测中心、第二监测中心、防灾科技学院。其中防灾科技学院(Institute of Disaster Prevention)是全国仅有的以防灾减灾救灾高等教育为主的综合性全日制普通高等学校，位于河北省廊坊市燕郊。

中国地震局职能职责如下：

(1) 拟定国家防震减灾工作的发展战略、方针政策、法律法规和地震行业标准并组织实施。

(2) 组织编制国家防震减灾规划；拟定国家破坏性地震应急预案；建立破坏性地震应急预案备案制度；指导全国地震灾害预测和预防；研究提出地震灾区重建防震规划的意见。

(3) 制定全国地震烈度区划图或地震动参数区划图；管理重大建设工程和可能发生严重次生灾害的建设工程的地震安全性评价工作，审定地震安全性评价结果，确定抗震设防要求。

(4) 依照《中华人民共和国防震减灾法》的规定，监督检查防震减灾的有关工作。

(5) 对省、自治区、直辖市地震局实施以中国地震局为主的双重领导，建立和完善相应的管理与计划财务体制；指导省级以下地震工作机构的工作；管理局直属事业单位。

(6) 管理全国地震监测预报工作；制定全国地震监测预报方案并组织实施；提出全国地震趋势预报意见，确定地震重点监视防御区，报国务院批准后组织实施。

(7) 承担国务院抗震救灾指挥机构的办事机构职责；对地震震情和灾情进行速报；组织地震灾害调查与损失评估；向国务院提出对国内外发生破坏性地震作出快速反应的措施建议。

(8) 指导地震科技体制改革；拟定地震科技发展规划和政策；组织地震科技研究与国家重点地震科技项目攻关；组织协调地震应急、救助技术和装备的研究开发；指导地震科技成果的开发与应用；承担地震科技方面的对外交流与合作。

(9) 指导防震减灾知识的宣传教育工作。

(10) 管理、监督地震事业费、基本建设经费和专项资金的使用。

(11) 承办国务院交办的其他事项。

2. 消防救援局

应急管理部消防救援局管理机构的设置是：灭火救援指挥部、政治部、办公室、纪检督察室、审计室、防火监督处、法律与社会消防处、科技处、新闻宣传处、后勤装备处、财务处，负责全国消防工作的统一组织、指挥、协调、领导。

消防救援局主要职责如下：

组织指导城乡综合性消防救援工作，负责指挥调度相关灾害事故救援行动。参与起草消防法律法规和规章草案，拟订消防技术标准并监督实施，组织指导火灾预防、消防监督执法以及火灾事故调查处理相关工作，依法行使消防安全综合监管职能。负责消防救援队伍综合性消防救援预案编制、战术研究，组织指导执勤备战、训练演练等工作。组织指导消防救援信息化和应急通信建设，指导开展相关救援行动应急通信保障工作。负责消防救援队伍建设、管理和消防应急救援专业队伍规划、建设与调度指挥。组织指导社会消防力量建设，参与组织协调动员各类社会救援力量参加救援任务。组织指导消防安全宣传教育工作。管理消防救援队伍事业单位。完成应急管理部交办的跨区域应急救援等其他任务。

3. 森林消防局

应急管理部森林消防局是森林消防队伍的领导指挥机关，基本任务是：预防和扑救森林(草原)火灾，保护森林(草原)资源，依法执行国家赋予的维护社会稳定等任务。

我国"十四五"国家应急体系规划将进一步理顺森林草原防灭火的指挥机制，计划将森林消防队伍与消防救援队伍进行整合，共同组建国家综合性消防救援队伍。

4. 国家安全生产应急救援中心与应急管理部矿山救援中心

2005年5月8日，中央机构编制委员会批准成立国家安全生产应急救援指挥中心，为国务院安委办领导、国家安全监管总局管理的事业单位，履行全国安全生产应急救援综合监督管理的行政职能。2018年3月国务院机构改革，国家安全生产应急救援指挥中心转隶为应急管理部管理，同年11月更名为国家安全生产应急救援中心。

应急管理部国家安全生产应急救援中心管理机构的设置是：综合部、指挥协调部、信息管理部、技术装备部、资产财务部、矿山救援中心。

2.2　我国应急救援体系

《中华人民共和国突发事件应对法》规定，我国建立的是"国家统一领导、综合协调、分类管理、分级负责、属地管理为主"的应急管理体制。

从顶层设计的层面来看，应急救援行动的展开必须要有组织保障、运行保障和后勤保障，这三个构成我国应急管理系统中缺一不可的组织体系、运行体系和保障体系(见图2.7)。

图2.7　应急救援体系构成

组织体系包含了指挥机构建设、专业队伍建设等；运行体系包含了法规制度建设、预案建设、标准建设、协调机制等；保障体系包含了经费、装备、物资等。

2.2.1　安全生产事故灾难应急救援体系

1. 组织体系

安全生产事故灾难应急救援组织体系如图2.8所示。国务院议事机构和应急管理部为指挥决策层，国家各级安全生产应急救援中心为管理协调层，国家各级应急救援队为具体

实施层。

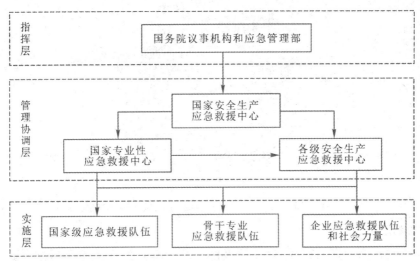

图 2.8　安全生产事故灾难应急救援组织体系

国务院议事机构主要职能是统一和加强对全国安全生产工作的领导和协调，应急管理部行使国家安全生产监督管理职权。

国家安全生产应急救援中心和应急管理部矿山救援中心承担组织、指导、协调全国安全生产(含矿山)的应急救援工作。

省级安全生产应急救援中心承担组织、协调省内安全生产(含矿山)救援体系建设及救援工作组织、指导救援队伍的建设、技能培训、救灾演练及达标认证工作；组织、协调省内跨地区的救援工作等职能。

2. 运行体系

安全生产事故灾难应急救援运行体系主要包括以下几方面：指挥调度平台、应急联动中心、法律法规、政策规章、预案管理、标准规范(见图2.9)。

图 2.9　安全生产事故灾难应急救援运行体系

3. 保障体系

为了快速有效地实施应急救援行动，一些保障条件是必不可少的，包括运行资金经费、医疗队伍、专家队伍、装备、物资、后勤、金融保险、财税、激励奖罚政策、科学技术等方面的保障(见图2.10)。

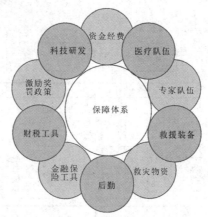

图 2.10　安全生产事故灾难应急救援保障体系

4. 应急响应级别

按照安全生产事故灾难的可控性、严重程度和影响范围，应急响应级别原则上分为Ⅰ、Ⅱ、Ⅲ、Ⅳ级响应。

(1) 出现下列情况之一启动Ⅰ级响应：

① 造成特别重大安全生产事故。

② 需要紧急转移安置 10 万人以上的安全生产事故 。

③ 超出省(区、市)人民政府应急处置能力的安全生产事故。

④ 跨省级行政区、跨领域(行业和部门)的安全生产事故灾难。

⑤ 国务院领导同志认为需要国务院议事机构响应的安全生产事故。

(2) 出现下列情况之一启动Ⅱ级响应：

① 造成重大安全生产事故。

② 超出市(地、州)人民政府应急处置能力的安全生产事故。

③ 跨市、地级行政区的安全生产事故。

④ 省(区、市)人民政府认为有必要响应的安全生产事故。

(3) 出现下列情况之一启动Ⅲ级响应：

① 造成较大安全生产事故灾难。

② 超出县级人民政府应急处置能力的安全生产事故灾难。

③ 发生跨县级行政区安全生产事故灾难。

④ 市(地、州)人民政府认为有必要响应的安全生产事故灾难。

(4) 发生或者可能发生一般事故时启动Ⅳ级响应。

※本书有关数量的表述中，"以上"含本数，"以下"不含本数。

5. 总体应急响应启动步骤

总体应急响应启动步骤如下：

(1) Ⅰ级应急响应：在国务院议事机构或应急管理部的领导和指导下，省级政府组织省安全生产应急救援指挥部或其他有关应急指挥机构，组织、指挥、协调、调度全省应急力量和资源，统一实施应急处置，各有关部门和单位密切配合，协同处置。省安全生产应急救援指挥部办公室或省有关主管部门应及时向国务院议事机构或应急管理部报告应急处置进展情况。

(2) Ⅱ级应急响应：由市安全生产应急救援指挥部或其他有关应急指挥机构组织、指挥、协调、调度本市有关应急力量和资源，统一实施应急处置，各有关部门和单位密切配合，协同处置。

(3) Ⅲ级应急响应：由事发地区县政府、市应急联动中心、市安全生产应急救援指挥部办公室或其他有关应急指挥机构组织、指挥、协调、调度有关应急力量和资源实施应急处置，各有关部门和单位密切配合、协同处置。

(4) Ⅳ级应急响应：由事发地区县政府和有关部门组织相关应急力量和资源实施应急处置，超出其应急处置能力时，及时上报请求救援。

6. 应急救援工作阶段划分

从应对突发事件响应的角度来讲，应急救援工作分为事前—事中—事后三个主要阶段。事前更多体现在预防和预警、资源准备等工作方面；事中主要体现在备用资源的启用、应急措施的启用和事故排除、灾难救援等；事后主要体现在总结、改进、完善和奖惩，也包括一些资源配置和建设项目等。

(1) 事前：风险隐患的排查与监测，风险隐患数据库、执法数据库、救援物资装备数据库等的建立，安全生产监测监控平台、隐患排查预警预报平台、应急救援信息管理平台等的日常运行，以及救援队应急救援能力的建设等等，力争做到事故灾难的预测预警和预报。

(2) 事中：事故灾难现场的智能感知与前期处置，救援物资装备的配发，事故灾难的评估与推演，应急预案的生成，以及事故排除、应急救援等。

(3) 事后：事故灾难的原因分析，救援过程回放及经验教训的总结，便于以后工作的开展。

2.2.2　地震灾害应急救援体系

1. 组织体系

地震灾害应急救援组织体系如图 2.11 所示。国务院议事机构和应急管理部为指挥决策层，国家各级地震局为管理协调层，国家各级地震灾害救援队为具体实施层。

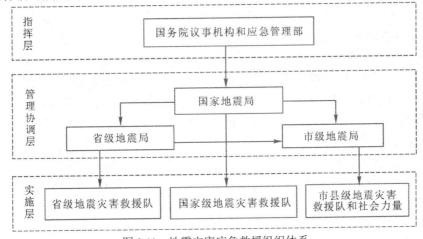

图 2.11　地震灾害应急救援组织体系

2. 应急响应

国务院议事机构和应急管理部在国务院的统一领导下负责组织协调地震灾害的应急响应工作，应急管理部下设中国地震局。根据灾区需求建立省、市、灾区所在地抗震救灾指挥部。地震发生后，根据灾害程度的不同，将启动不同级别的响应。各级地震行政主管部门负责组织协调应急救援行动。

按《国家地震应急预案》要求，对应地震灾害分级情况，将应急响应分为Ⅰ级、Ⅱ级、Ⅲ级和Ⅳ级。

(1) Ⅰ级响应：由灾区所在省(区、市)人民政府领导灾区的地震应急工作；国务院议事机构和应急管理部统一组织领导、指挥和协调国家地震应急工作。

① 灾区所在省(区、市)人民政府领导灾区的地震应急工作：省(区、市)人民政府了解震情和灾情，确定应急工作规模，报告国务院并抄送国务院议事机构、应急管理部和民政部，同时通报当地驻军领导机关；宣布灾区进入震后应急期；启动抗震救灾指挥部部署本行政区域内的地震应急工作；必要时决定实行紧急应急措施。省(区、市)地震局组织指挥部成员单位和非灾区对灾区进行援助，组成现场抗震救灾指挥部直接组织灾区的人员抢救和工程抢险工作。

② 国务院议事机构和应急管理部统一组织领导、指挥和协调国家地震应急工作：中国地震局向国务院议事机构和应急管理部报告震情和灾情并建议国务院抗震救灾指挥部开始运作；经国务院批准，由国务院议事机构和应急管理部统一组织领导、指挥和协调国家地震应急工作。中国地震局履行国务院抗震救灾指挥部办公室职责；国务院有关部门设立部门地震应急机构负责本部门的地震应急工作，派出联络员参加国务院抗震救灾指挥部办公室工作。

(2) Ⅱ级响应：由灾区所在省(区、市)人民政府领导灾区的地震应急工作；中国地震局在国务院议事机构和应急管理部领导下，组织、协调国家地震应急工作。

① 灾区所在省(区、市)人民政府领导灾区的地震应急工作：省(区、市)人民政府了解震情和灾情，确定应急工作规模，报告国务院议事机构和应急管理部、国务院并抄送中国地震局和民政部，同时通报当地驻军领导机关；宣布灾区进入震后应急期；启动抗震救灾指挥部部署本行政区域内的地震应急工作；必要时决定实行紧急应急措施。省(区、市)抗震救灾指挥部组织指挥部成员单位和非灾区对灾区进行援助，组成现场抗震救灾指挥部直接组织灾区的人员抢救和工程抢险工作。

② 中国地震局在国务院议事机构和应急管理部领导下，组织、协调国家地震应急工作：中国地震局向国务院议事机构和应急管理部报告震情和灾情、提出地震趋势估计并抄送国务院有关部门；派出中国地震局地震现场应急工作队；向国务院建议派遣国家各级地震灾害救援队，经批准后，组织国家地震灾害救援队赴灾区；及时向国务院议事机构和应急管理部报告地震应急工作进展情况；根据灾区的需求，调遣综合性消防救援队、安全生产救援队和医疗救护队伍赴灾区，组织有关部门对灾区紧急支援；当地震造成大量人员被压埋，调遣解放军和武警部队参加抢险救灾；当地震造成两个以上省(区、市)受灾，或者地震发生在边疆地区、少数民族聚居地区并造成严重损失，国务院派出工作组前往灾区；中国地震局对地震灾害现场的国务院、应急管理部有关部门工作组和各级各类救援队伍、支援队伍、保障队伍的活动进行协调。

(3) Ⅲ级响应：在灾区所在省(区、市)人民政府的领导和支持下，由灾区所在市(地、州、盟)人民政府领导灾区的地震应急工作；中国地震局组织、协调国家地震应急工作。

(4) Ⅳ级响应：在灾区所在省(区、市)人民政府和市(地、州、盟)人民政府的领导和支持下，由灾区所在县(市、区、旗)人民政府领导灾区的地震应急工作；中国地震局组织、协调国家地震应急工作。

2.2.3 城乡火灾应急救援体系

1. 组织体系

城乡火灾应急救援组织体系如图 2.12 所示。国务院议事机构和应急管理部为指挥决策层，消防救援局为管理协调层，国家各级消防救援队为具体实施层。

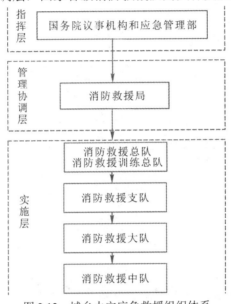

图 2.12 城乡火灾应急救援组织体系

2. 应急响应

城乡火灾应急响应参照生产安全事故等级划分，分别启动Ⅰ、Ⅱ、Ⅲ、Ⅳ级响应。

发生火灾的单位或家庭，应当遵循如下应急响应流程：

(1) 立即报警：当发生火灾后，要立即拨打"119"火警电话，并及时通知应急抢险领导小组，以便及时扑救火灾事故。

(2) 组织扑救火灾：当火灾发生后，除及时报警以外，要立即组织义务消防队员和员工进行扑救，扑救火灾时要按照"先控制、后灭火；救人重于救火；先重点、后一般"的灭火战术原则。

(3) 协助消防灭火：在自救的基础上，当消防救援队达到火灾现场后，要简要地向消防负责人说明火灾情况，并全力支持消防队员灭火，要听从专业消防队的指挥，齐心协力、共同灭火。

(4) 现场保护：当火灾发生时和扑救完毕后，要派人保护好现场，维护好现场秩序，等待对事故原因及责任人的调查，同时应立即采取善后工作，及时清理。

(5) 火灾事故调查处置：在调查事故报告出来后，应作出有关处理决定，重新落实防范措施。

2.2.4 森林草原火灾应急救援体系

1. 组织体系

森林草原火灾应急救援组织体系如图 2.13 所示，国务院议事机构和应急管理部为指挥决策层，森林消防局为管理协调层，国家各级消防救援队为具体实施层。

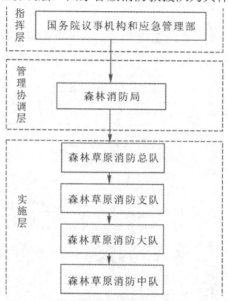

图 2.13　森林草原火灾应急救援组织体系

2. 应急响应

森林草原火灾参照生产安全事故等级标准划分为特别重大、重大、较大、一般等四级，其应急响应分别对应Ⅰ、Ⅱ、Ⅲ、Ⅳ级响应。

省级防灭火指挥部启动Ⅰ级Ⅱ级应急响应时，成立省级前方指挥部组织、指挥协调火灾现场应急处置工作，同时成立后方指挥部负责研判事件发展趋势并提出处置意见，为现场救援提供服务和保障，应前方指挥部要求及时调度森林草原消防灭火队、装备、物资、专家等，做好信息收集上报工作。跨行政区域森林火灾由共同上级部门指挥。发生特别重大、重大森林火灾，原则上由省森林消防灭火指挥部负责应对；发生较大、一般森林火灾，分别由市级和县级森林防灭火指挥部负责应对，省森林防灭火指挥部，视情派出工作组指导火灾扑救工作。森林火灾涉及两个以上行政区域的，由有关行政区域共同的上一级森林防灭火指挥部负责或者由各有关行政区域的上级森林防灭火指挥部共同负责应对。

我国"十四五"国家应急体系规划将进一步理顺森林草原防灭火的指挥机制，计划将森林消防队伍与消防救援队伍进行整合。

第三章　我国应急救援队伍

发生事故灾害时，必须立即实施应急救援行动。但是谁是应急救援人员中的中坚力量呢？不是军队武警，不是警察，不是民兵，也不是热心市民，而是训练有素的应急救援队。

3.1　应急救援队及其分类

应急是一种要求立即采取行动的工作状态，目的是避免事故的发生或减轻事故的后果。

应急救援是针对突发公共事件而采取预防、预备、响应和恢复的活动与计划。

应急救援队是处理自然或人为突发公共事件的职业性、技术性并实行军事化管理的专业队伍。

所谓"职业性"是指队员是以此为职业的，技术性是指队员是受过专业训练的。军事化管理：队员平时吃、住、训练、值班、工作都在一个封闭的大院里，救援时迅速出动赶赴灾区现场。

目前，我国应急救援队主要分为三大类，即综合性消防救援队、专业性应急救援队，以及社会化应急救援队。

综合性消防救援队由原来的武警消防队转制过来。

专业性应急救援队主要处理事故灾难和自然灾害。

社会化应急救援队是来自于基层的志愿者。

专业性应急救援队伍类型多、涉及专业更多，主要包括安全生产应急救援队和自然灾害救援队，而这两类救援队伍中又都包含专业队伍和兼职队伍。本书主要讲述专业性应急救援队伍。

安全生产应急救援队伍包括矿山、危险化学品、海上、油气输送管道、隧道、水上、井控、电力、民航、铁路、公路、建筑施工、旅游等行业救援队；自然灾害救援队包括地震、防汛、森林草原防灭火等救援队(见表3.1)。

表 3.1　我国应急救援队分类

序号	分　　类			备注
1	综合性消防救援队		含搜救犬救援队	已组建
2	专业性应急救援队	专职救援队	危化专职救援队	成熟
3			矿山(煤矿、非煤矿山)专职救援队	成熟
4			海上专职救援队	成熟
5		安全生产专职救援队	油气输送管道、隧道、水上、井控、勘测等专职救援队	已组建
6			航空、油气田、城市燃气、地铁、金属冶炼、电力抢修、核生化等专职救援队	正在组建
7			铁路、公路、建筑施工、旅游等专职救援队	尚未组建
8		自然灾害专职救援队	地震灾害专职救援队	成熟
9			森林草原消防灭火专职救援队	已组建
10			防汛专职救援队	正在组建
11			气象、海洋、生物等灾害专职救援队	尚未组建
12		兼职救援队	危化兼职救援队	成熟
13			矿山(煤矿、非煤矿山)兼职救援队	成熟
14		安全生产兼职救援队	油气输送管道、隧道、海上、水上、井控、勘测等兼职救援队	已组建
15			航空、油气田、城市燃气、地铁、金属冶炼、电力抢修、核生化等兼职救援队	正在组建
16			铁路、公路、建筑施工、旅游等兼职救援队	尚未组建
17		自然灾害兼职救援队	地震灾害兼职救援队	成熟
18			森林草原消防灭火兼职救援队	已组建
19			防汛兼职救援队	正在组建
20			气象、海洋、生物等灾害兼职救援队	尚未组建
21	社会化应急救援队		建筑物倒塌搜救、山地搜救、水上搜救、潜水救援、洞穴搜救、应急医疗救护等	正在组建

据不完全统计，截至 2021 年底，全国约有 17 万专职综合性消防救援队员，是我国应急救援的主力军；约有 15 万专职专业性应急救援队员，既是综合性消防救援队伍的重要协同力量，也是我国应急救援的骨干力量；约有 27.9 万兼职专业性应急救援队员，是行业领域应急救援的辅助力量；约有 61.3 万社会化应急救援队员，是我国应急救援的重要补充力量。

综上所述，我国应急救援队伍保守估计总数在 120 万余人。

"十四五"期间，我国将逐步加强高层建筑、大型商业综合体、城市地下轨道交通、石油化工企业火灾扑救和地震、水域、山岳、核生化等专业救援力量建设。依托国家综合

性消防救援队伍，建设一批国家级特种灾害救援队、区域性机动救援队、搜救犬专业救援队，在重点化工园区、危险化学品储存量大的港区所在地建设石油化工、煤化工等专业应急救援队。并将建设地震救援、水域救援、化工救援、森林草原防灭火、航空灭火救援、抗洪抢险等国家级专业训练基地和一批区域性驻训备勤保障基地。

3.2　综合性消防救援队

1998 年 4 月 29 日第九届全国人民代表大会常务委员会第二次会议通过《中华人民共和国消防法》，并分别于 2008 年 10 月 28 日第十一届全国人民代表大会常务委员会第五次会议第一次修订、2019 年 4 月 23 日第十三届全国人民代表大会常务委员会第十次会议第二次修正、2021 年 4 月 29 日第十三届全国人民代表大会常务委员会第二十八次会议第三次修正。

《中华人民共和国消防法》规定：国家综合性消防救援队、专职消防队按照国家规定承担重大灾害事故和其他以抢救人员生命为主的应急救援工作，是城乡火灾应急救援的骨干力量。

3.2.1　综合性消防救援队伍的历史沿革

综合性消防救援队由原来的武警消防队转制过来。转制前，消防部队是武警部队序列，任务(灭火救援)行动由公安部指挥。2018 年 10 月 9 日，武警消防部队转制。根据公安消防部队整体移交应急管理部工作安排，2018 年 10 月 9 日上午 10 时举行"公安消防部队移交应急管理部交接仪式"。至此，武警消防部队将成为一段载入史册的历史。

新中国的消防队伍于 1955 年正式成立，中国人民解放军公安军也于当年成立。1982年起，消防部队归属于人民武装警察部队，同时也是公安机关的其中一个警种。1982 年 6月，中国人民武装警察部队成立，与此同时也代表着武警消防部队警种的诞生。他们既承担着灭火救援、抢险救灾等消防保卫任务，又担负应对非暴力突发事件、救援平民的职能。1985 年 8 月，公安部将全国消防部队从中国人民武装警察部队划出，归各级公安机关领导。至此，较长时间以来，消防部队归属武警序列，由公安机关领导与指挥。

原公安消防部队是公安部门行政执法和刑事司法力量的组成部分，是在公安部门领导下同火灾作斗争的一支实行军事化管理的部队，执行解放军的《三大条令》和兵役制度，纳入武警序列。实行公安部门领导，条块结合，分级管理的管理体制。各省、自治区、直辖市设消防总队，总队常设部门有司令部、政治处、防火处、后勤处等；各地市、州和盟设消防支队；各县、旗设消防大队，每个消防大队又下设消防中队；消防中队是基层消防力量，出警次数最多。警官培训基地、昆明消防指挥学校、南京消防士官学校为消防部队教育机构。消防科研机构主要包括四个部属消防研究所，即天津消防研究所、上海消防研究所、沈阳消防研究所和四川消防研究所。中国消防协会是全国性的消防社团组织，各省、自治区、直辖市设有省级消防协会，主要开展消防学术交流、消防科普宣传、科技服务、行业管理和国际民间交流等。消防行业组织主要有消防产品合格评定中心、国家固定灭火系统和耐火构件质量监督检验中心、国家消防电子产品质量监督检验中心、国家消防装备质量监督检验中心、国家防火建筑材料质量监督检验中心和消防职业技能鉴定指导中心，分别承担消防产品质量评价和消防行业特有工种职业技能鉴定等工作。

直到 2018 年 3 月 21 日，国务院改革方案落地公布，公安消防部队转制敲定，现役官兵集体退役转制移交，其编制由现役编制转为行政编制，整体移交应急管理部，继续承担灭火救援和其他应急救援工作。

3.2.2　综合性消防救援队伍概况

据不完全统计，截至 2021 年年底，全国约有 17 万专职消防队员。包括：

(1) 31 个消防救援总队，三个训练总队。

(2) 432 个消防救援支队、六个中国救援机动专业支队、二个中国救援搜救犬机动专业支队、31 个训练与战勤保障支队、四个消防救援特勤支队、四个消防救援轨道交通支队、二个消防救援水上支队。

(3) 3379 个消防救援大队、一个应急通信保障大队、一个应急车辆勤务大队、63 个消防救援特勤大队、31 个应急通信与车辆大队、31 个重型机械工程救援大队、30 个训练大队。

(4) 4149 个消防救援站、497 个消防救援特勤站、42 个应急通信与车辆勤务站。

2017～2021 年全国综合性消防救援队出警情况统计(见表 3.2)。

表 3.2　2017～2021 年综合性消防救援队出警情况统计

年　份	2017	2018	2019	2020	2021	平均
接处警/万起	117.6	115.7	127.6	120	195.6	135.3
出动消防指战员/万人次	1185.2	1273.2	1318.8	1255.6	2040.8	1441.7
出动消防车辆/万辆次	210	219.3	232.7	226.3	363.6	250.4
营救被困人员/万人	15.5	15.6	14.6	16.3	19.5	16.3
疏散遇险人员/万人	不详	52.6	45.7	42.4	46.7	46.85

2017～2021 年，全国综合性消防救援队出警情况(见图 3.1)。

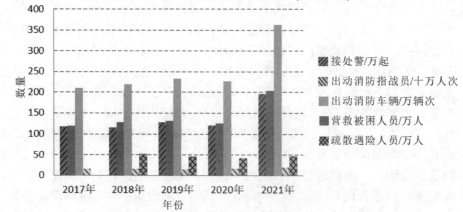

图 3.1　2017～2021 年全国综合性消防救援队出警情况

消防救援局拥有我国第一所专门的消防救援高等院校——中国消防救援学院(China Fire And Rescue Institute),坐落于北京市昌平区,校园占地面积1100余亩,是国家综合性消防救援队伍的重要组成部分。

此外,根据《中华人民共和国消防法》第三十六条、第四十一条、第四十二条等规定,一些地方人民政府、机关、团体、企业、事业等单位和社区、村民委员会根据需要建有志愿消防队,这是群防群治力量,可归为兼职消防队员,也可归为社会化应急救援队伍,目前队伍数量缺乏明确统计。

2019年,国庆七十年周年天安门大阅兵,江苏省消防救援总队南京市支队消防员丁良浩代表综合救援队乘"众志成城"彩车接受检阅(见图3.2),这是新中国成立以来,中国消防救援队伍首次亮相国庆盛典。

图3.2　2019年10月1日,南京消防员丁良浩代表综合救援队参加国庆70周年彩车巡游

丁良浩2020年荣获第二十四届"中国青年五四奖章"(见图3.3)。

图3.3　第二十四届"中国青年五四奖章"获得者丁良浩

3.3　专业性应急救援队

专业性应急救援队伍包括安全生产应急救援队和自然灾害应急救援队，而这两类救援队伍中又都包含专职队伍和兼职队伍。

安全生产应急救援队伍中建队较早、建制多年，比较成熟的队伍有危险化学品、矿山、海上等救援队；已组建的有油气输送管道、隧道、水上、井控、勘测等救援队；正在组建的有航空、油气田、城市燃气、地铁、金属冶炼、电力抢修、核生化等救援队；尚未组建的有铁路、公路、建筑施工、旅游等救援队。

此外，交通运输部交通运输事故救援也逐步纳入到专业性应急救援体系。

自然灾害应急救援队伍中比较成熟的队伍有地震灾害救援队；已组建的有森林草原消防灭火救援队；正在组建的有防汛救援队；尚未组建的有气象、海洋、生物等灾害专职救援队。

截至 2021 年底，全国共有安全生产专业应急救援队伍 1193 支、7.37 万余人。

截至 2021 年底，全国共有海上搜救人员 1.5 万余人。

截至 2021 年底，国家省级以上地震灾害紧急救援队伍共有 1.2 万余人。

截至 2021 年底，全国共有森林消防员 4.79 万余人。

保守估计，全国现有专职专业性应急救援力量总人数约 15 万人。

截至 2021 年底，全国有兼职矿山救援指战员 2.78 万余人，危化兼职救援指战员 5.12 万余人；防汛兼职救援队伍超过 20 万人。

此外，基层聘用了许多地震灾害信息员、气象灾害信息员、地质灾害群测群防员、森林草原消防灭火网格员等兼职应急信息员队伍；但是这些队伍目前数量不详。

保守估计，全国兼职专业性救援队伍人数达到 27.9 万余人。

因此，保守估计，截至 2021 年底，全国有专业性专/兼职应急救援队伍约 42.9 万人。

2019 年，国庆七十年周年天安门大阅兵，国家矿山应急救援中心肖文儒代表专业救援队乘"众志成城"彩车接受检阅(见图 3.4)，2021 年 11 月 3 日，中宣部授予肖文儒"时代楷模"称号。

图 3.4　国庆七十年周年阅兵，肖文儒代表国家安全生产应急救援中心接受检阅

　　2019 年，中央宣传部、应急管理部联合评选出来的"最美应急管理工作者" 先进人物就有四川省森林消防总队特种救援大队三中队代理排长侯正超和中国地震应急搜救中心培训部副主任王念法(见图 3.5)。

图 3.5　2019 年"最美应急管理工作者"

3.4　社会化应急救援队

　　社会组织是相对于党政企等传统组织之外，具有一定的公益性、志愿性、自治性的组织。社会组织作为一种重要的社会力量，在建立健全国家应急救援体系，开展应急处置和救援时发挥了关键性作用。按照现行法律规定，我国的社会组织包括社会团体、基金会和社会服务机构。根据民政部社会组织管理局的大数据展示平台显示，截至 2020 年 2 月 26 日，全国共有社会组织 867 170 家，其中有些是专门从事救灾、救援、救护、救助等服务的，称为社会化应急救援力量。

3.4.1　国外社会化应急救援力量

1. 美国

(1) 金字塔形的救援力量体系：美国非常重视社会化应急力量在应急管理中的作用，并采用了一个金字塔结构，说明不同救援力量在地震救援中的作用。美国联邦技术救援署(FEMA)在《国家城市搜救响应系统——建筑坍塌技师》一书中，在解释地震救援力量需求时，给出了如图 3.6 所示的金字塔，说明不同救援情况比例及其对救援力量的需求。从这张图可以看出，(浅表层)受伤而非受困情况约占 50%，可以靠居民自救互救解决；(浅层)非结构受困约占 30%，可以依靠应急第一响应人利用一般工具进行救助；空隙空间受困约占 15%，需要专用救援工具，可由专业应急救援队处理；最后 5% 属于埋压，需要城市搜救特勤队。总体来看，约 80% 的情况是由社会化应急救援力量处理的，另外，15% 的专业应急救援队伍中，也有部分是属于社会化应急救援力量的。

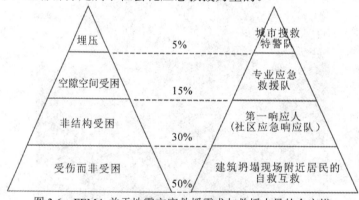

图 3.6　FEMA 关于地震灾害救援需求与救援力量的金字塔

(2) 志愿消防员成为消防站主力：美国在应急救援方面广泛使用志愿者。其中消防志愿者方面，根据美国消防协会(NFPA)2017 年发表的《美国消防系统概况》报告估计，2015 年美国有 116 万消防员，其中专职消防员占 30%，志愿消防员占 70%。全美共有 29 727 个消防队，其中仅有 9% 的消防队为专职消防员，服务全美将近 49% 的人口，67% 的消防队完全由志愿消防员构成。

(3) 通过社区应急响应队(CERT)组织"第一响应人"：美国通过对交通事故的处理和对公共危机时间的了解发展了对于"第一响应人"概念的理解。首先他们认为应将之前单纯的以医疗救助为主要体系的"第一响应人"扩大到其他的突发事件中去，指出能够在灾难发生后第一时间到达现场采取救援的人都可以被称为"第一响应人"。他们强调第一响应人需是有准备地展开救助能够提供采取争取有效的救援的人，因此在这个意义上广义的"第一响应人"可以涵盖许多方面并不仅限于医疗救助人员。

为此，美国开展社区应急响应队(CERT)是全风险和灾种的社区建设项目，建设社区化的"第一响应人"队伍，培养能够在第一现场参与灾前预防、灾中应对和灾后恢复的各类

人员。目前 CERT 项目已覆盖美国 50 个州,包括一些美属海外领地,组建超过 2700 支 CERT 队伍, 为 600 000 余名社区居民提供了培训。资金来源包括国土安全部拨款、主管机构预算以及社会捐赠。

社区应急响应队(CERT)有着严格的筛选程序和培训要求,需经过一整套严格的培训和组织程序才能设立,并通常由 FEMA 及州的紧急管理办公室监管,而选拔出来的人员必须在该社区居住或生活,必须保证每年有一定时间的培训与执勤,否则将予以除名。培训方面,以美国弗里蒙特市为例,培训的主要技能包括:初期火灾扑灭;灾难紧急医疗救护;无线电应急广播设备操作;安全转运伤员;轻型搜救技能;灾难心理和搜救队的组织;灾难模拟。培训课程包括一个 15 小时的面授培训和一个 4~6 小时的网上培训。每周开一次课,总共持续 6 周时间。结束课程并合格者,将获得结业证书和一枚社区救灾响应队徽章。

(4) 建立救灾志愿者组织联盟(NVOAD)进行协调:美国在经历了数次大型灾害救援后,对协调参与救援的志愿者及社会组织的重要性认知日益提高。在此实践基础上,美国出现了救灾志愿者组织联盟(National Voluntary Organizations Active in Disaster),简称为"NVOAD"以协调应急救援。

该联盟是一个全国性的非营利组织,组织形式上是会员联盟制,主要的功能和作用就是在灾害响应过程中分享救灾知识和交流经验的协同平台,灾害响应过程包括备灾(preparation)、救灾(response),恢复重建(recovery)和减灾(mitigation)等方面。联盟是享有 501C(3)条款免税地位的社会组织,总部设在弗吉尼亚州的阿灵顿,在美国所有州和海外领地都建立了分支机构,已经形成覆盖全国的救灾网络。目前, 联盟会员包括有影响力的 70 家全国性组织,以及 56 个州级救灾志愿组织联盟(State/Territory VOAD),这些联盟分支还代表着地方各级联盟以及数以百计的分布在全国各地的会员组织。

联盟的成立源于 1969 年 8 月在墨西哥湾卡米尔飓风的灾害救援。卡米尔飓风造成了 259 人死亡,直接经济损失达 7.8 亿美元。在救灾过程中,很多社会组织涌进了灾区,由于参与救援的非政府组织(NGO)间缺少整体性的协调沟通,导致参与救援的 NGO 在参与救助时出现了两种极端的局面:工作的重复性和单一性,即部分工作领域许多 NGO 都在参与,导致各组织救助出现重复性甚至恶性竞争,使得灾害救援工作受到了极大影响;而还有部分工作领域却鲜有 NGO 问津,使得救灾活动面临很大的挑战。为此,具有覆盖全国性网络的美国红十字会、救世军等美国较有影响力的 7 大社会组织于 1970 年发起成立了该联盟。联盟成立的目的是促进非政府组织等社会力量在救援过程中的沟通、协调与合作。

美国救灾志愿者组织联盟(NVOAD)承担以下四种职能和角色:

① 一是作为桥梁和窗口,促进社会组织和政府、媒体及公众之间的信息交流:灾害发生时, 国家应急协调中心(NRCC, National Response Coordination Center)根据应急保障功能(ESF, Emergency Supporting Function)召集有关机构。在这一协同机制中除了各相关政府机构之外还专门为 NVOAD 设有一个席位,通过这个席位协调 VOAD 中的各类社会组织及志愿者组织进行灾害响应。这个席位也能及时了解 NRCC 内有关灾害响应的信息,同时就灾害地区社会组织参与情况向 NRCC 或者向媒体召开说明会。通过 NVOAD 平台,政府、公众能够通过一个统一渠道了解民间机构参与救灾的状况。特别重要的是,NVOAD 每月与 FEMA 有常态沟通,且 FEMA 任职的志愿者联络人通常也是熟悉社会组织的,NVOAD 承担起了政府和社会组织对话的桥梁。

② 二是作为协同体，增强会员单位的交流和协作。通过 NVOAD，会员单位学会了协作，相互之间学习交流经验，相互之间了解沟通增多，彼此更加信任，降低了合作的沟通成本。提升了会员单位的社会认知度：正因为灾害响应时，NVOAD 在 NRCC 有席位，且席位是轮换的，所以 NVOAD 对于会员单位来说增加了知名度。

③ 三是作为交互平台，增进了需求和资源的有效对接。虽然 NVOAD 并没有筹资功能，也不为会员单位筹集或分配资源，但是 NVOAD 是需求及资源的交流转换平台，其诸多合作伙伴却是灾害响应中可以使用到的资源。一方面对于政府机构而言，透过这一平台，FEMA 能够对 NVOAD 在灾害救援过程中提出协同需求，弥补了政府的空缺，这些价值和服务为 FEMA 所认可。另一方面，社会组织也能更精准地对接需求，比如，2013 年桑迪飓风所影响到的马里兰州，当地有瓶装水的需求，马里兰州 VOAD 的主席就把需求报到了 NVOAD，最终瓶装水协会找到了公司捐赠，也找到了物流公司捐赠运费。

④ 四是作为能力建设中心，推动了会员组织的专业化能力。NVOAD 的培训给会员单位提高了专业技能和救灾能力，培训包含全国事件灾害应急体系的学习或者给会员单位开发独立学习的课程，通过培训，会员单位掌握了同样的术语，统一的灾情统计汇报，提高了救灾效率。

总而言之，通过建立起与应急体系紧密衔接的志愿服务体系，一旦有紧急事件发生，NVOAD 将肩负起作为统一高效的指挥协调机构的职责，迅速通过一定方式组织志愿者和志愿组织，有序有效参与救援。

目前，美国救灾志愿者组织联盟(NVOAD)还包括 56 个州级救灾志愿者组织联盟 (SVOAD)，州级救灾志愿者组织联盟主要在本州范围内进行志愿者组织的登记、信息共享、协调任务等，并通过美国救灾志愿者组织联盟的平台获得全国及其他州的相关信息，并进行全国范围内的协调。

2. 德国

德国特别重视应急管理工作的社会化，社会力量极大地弥补了政府能力的不足。它的应急管理系统充分发挥社会、民间的力量，从而形成一个全社会的应急管理网络。

德国总人口有 8200 万，其中从事各种不同类型灾难救援的志愿者人数已达 190 万。消防志愿者人数为 130 万，还有约为 60 万的应急救援志愿者分布在医疗、通信、海事、技术救援、辅助及管理等应急救援领域。这些应急救援志愿者总人数占德国人口的四十分之一，他们已经成为德国应急救援力量的主体，分布在消防、联邦技术救援署、红十字会、马耳他骑士战地服务中心、工人助人为乐联盟、生命救助协会、约翰尼特事故救援等综合救援、技术救援机构、医疗救护和专业救援等组织。

德国消防队是应急管理的主要救援力量，并担任应急救援统一指挥的职能。德国职业消防队属于公务员，只有在人口达到 10 万人以上的城市才会设立职业消防队。志愿消防员是德国消防的核心队伍，全国约有 130 万人，有任务需求时，由当地政府设立的 112 接警中心通过无线电给志愿者发送救援信息，志愿者一般会在 3～5 分钟内到达消防站，并迅速出动。对于志愿者因参加救援而给其雇主所造成的损失，由政府给予补偿。

(1) 德国消防队(DFV)。德国消防工作由各州负责。德国消防队分为官方与非官方两类。其中官方消防队又分为职业消防队、志愿消防队、青年志愿消防队、义务消防队。在志愿

消防队和义务消防队里，其成员主要由社会工作人员兼职。他们通过参加城镇消防队或者消防联合会从事无偿消防救援工作。志愿消防队员实行不兼容原则，即参加了其他志愿组织的成员不得再参加志愿消防队。青年志愿消防队成员都是年满10岁以上的青少年。他们作为志愿消防队的后备力量，在业余时间经常参加灭火训练与演习。德国约有130万消防志愿者服务于该组织。

(2) 德国联邦技术救援署(THW)成立于1950年，隶属于德国内政部的公共机构，是联邦层面设置的主要救援力量，作为对地方救灾主管部门补充。按照有关法规要求，主要职责包括为灾害救援和公民保护提供援助，参与国外技术救援，抗震救灾中的增援等等。在请求后出动，负责开展定位、清洁、清障、协调、维修、泵水、供餐、照明、供电、爆破、重建、净化等救援工作。THW救援队伍人员共约8万人，全职仅800人左右，主要负责管理与文案工作，99%依靠志愿者承担救援任务。德国联邦技术救援署网格化分布在德国全境，有668个地方协会、66个区域协会、8个州协会，其中地方协会完全由志愿者组成。同时拥有比较完善、强大的救援装备，按照模块化方式统一配置，由中央财政负责出资购买，为各地灾害救援提供支持。2017年度预算共2.3亿欧元，平均每人2860欧元。

(3) 德意志水上救生协会(DLR)，主要参与水上灾害救援，已成为世界上最大的水上志愿者救援组织，约有志愿者4.7万人。

(4) 德国红十字会(DRK)，主要参与医疗、护理等义务医疗援助，约有志愿者40万人。

(5) 马耳他急救中心(MHD)。1953年，德国马耳他骑士团与德国慈善联合会成立，两者共同构成新的马耳他急救中心，其在德国境内有超过500家分支机构，约有志愿者3.5万人，主要提供医疗急救与医疗康复。

(6) 德国约翰尼特事故救援团(JUH)。德国约翰尼特事故救援团成立于1952年，1963年联邦德国政府认证JUH为志愿援助组织。目前，约有志愿者2.6万人。

(7) 德国工人救助联合会(ASB)，该组织宗旨是培训工厂工人在发生安全生产事故时进行紧急自救以及在紧急情况下帮助他人，约有志愿者1.7万人。

德国政府通过税收减免方式促使企业支持志愿活动，可以通过参与志愿服务代替服兵役。德国政府对志愿服务事业给予一定的资金保证，为志愿者购买保险，并为伤亡的应急救援志愿者给予相应的补偿。这些措施从法律上保障了德国志愿者的权益，促进德国应急救援志愿服务活动的有效开展。

3. 日本

日本是一个灾难频发的国度，1995年阪神大地震发生后，大量社会应急力量却早已在政府救援组织到达灾害现场之前开始资源动员、运输物资、展开救助。150万志愿者在第三部门的领导下，其行动速度远远超过政府的行为，致使这一年被称为"日本志愿者活动元年"。

自此日本政府认识到了志愿者队伍的重要性，逐步制定了一系列有效的政策措施，包括建立志愿者团体长效鼓励推动机制，在相关的法律当中增加了保证与接收志愿者参与应急处置的内容，对在参与各种灾难应急过程中伤亡的志愿者，如果达到一定条件的由总理大臣进行奖励，政府不仅自身组织开展应急救援培训讲座，同时还将部分培训业务委托给非营利公民组织(NPO)。

目前日本的"消防本部"属于专职消防队,类似于公务员,全国共有 894 个"消防本部",15.5 万专职消防员,装备有 21 000 部消防车。日本的"消防团"就属于志愿消防队了。全日本共有 2209 个消防团,消防团员 850 331 人,消防团配合消防署的工作,属于地方特别公务员,平时他们是公司职员、公务员等,当消防团所在地区发生火灾或其他灾害时,他们作为消防团员协助消防队参加救灾。

消防署作为消防团的上级单位负责消防团成员的教育培训和装备配备。消防团成员除进行灭火活动外,也开展市民的应急安全教育、应急技能培训、综合防灾减灾等工作。消防团员每年会得到 2500 元人民币的年金,参加救灾活动时会得到适当的补贴,5 年以上的消防团员能够得到一定的退职补偿金,国家定期对优秀的消防团员进行表彰。同时日本在各个社区建立了完备的防灾组织,分为宣传班、灭火班、救护班等,配备了精良齐全的应急装备。

4. 英国

英国 2004 年通过《民事应急法》(Civil Contingency Act),对普通公民参与应急管理的责任、权利与义务进行了明确和规范。英国公民参与志愿服务的意识强烈,每年都有接近50%的成年人参与到各类志愿服务中。在英国已登记注册的近 20 万个民间公益组织中,以社区为基础的小型组织占绝大多数,组织规模较大的约 1 万个,属于大型组织的有 400 个,规模较大的为英国红十字会、皇家英国妇女志愿者协会、圣约翰急救编队、皇家国民救生艇协会、国际营救队和英国医生紧急救护协会等。

英国政府与志愿服务组织之间已经建立起了良好的工作机制,通过有效的组织保障规范、管理和引导应急志愿组织参与应急服务,积极推动非政府组织和民间团体共同建立应急救援团队。在地区性突发事件发生时由政府确定应急级别及响应方案后联系应急志愿组织,将地域、专业、人数等需求指标分派给各个应急志愿组织。志愿服务组织在接到任务后本着自愿原则,根据自身能力确定是否接受任务。确定参加的应急志愿者仍以小组为单位进行管理,在救援现场服从地方政府的指挥。

英国也以社区为单位在急救领域积极推进第一响应人制度建设,如英国滨海利第一响应者组织自 2005 年 11 月开始为滨海利的社区提供服务,并与英国东部急救中心合作,接受所有面临生命威胁的紧急呼叫,并在 8 分钟内到达现场。英国圣约翰急救中心的社区第一响应者根据紧急呼叫被分派,第一响应者经常是第一个根据病人需要到达现场、分析情况并优先进行处置的人。在专业急救人员到来之后,第一响应者有时能成为非常重要的帮手。

同时英国政府出台了一系列的激励奖励措施,进一步地激发了公民参与志愿服务的热情,包括机构会优先录取有志愿服务经验的工作人员;减免参与志愿服务方面有突出贡献的公司部分税收;为主动参与志愿服务的学生减免学费;设立志愿服务基金会、志愿者行动基金等。

3.4.2 我国社会化应急救援队伍

目前我国社会化救援队主要从事建筑物倒塌搜救、山地搜救、水上搜救、潜水救援、

应急医疗救护等领域的救援工作，定位为国家救援力量的补充。

自 2008 年，参与事故灾害应急救援的社会化力量开始蓬勃发展。在随后的发展过程中，社会化救援力量的发展特点，从最初的"点状生长"状态，逐步进入到"线性生长"阶段，到目前，初步形成了网状组织结构，经历了一系列的自我调整与完善。

(1) 2019 年 5 月 9 日，应急管理部组织开展了全国首届社会应急力量技能竞赛。

(2) 2019 年 5 月 9 日，应急管理部应急指挥专员陈胜在全国首届社会应急力量技能竞赛新闻发布会上指出，社会应急力量是大国应急体系的重要组成部分，也是政府应急救援力量的重要补充。

(3) 2019 年 3 月 27 日，应急管理部官方微博发布信息，社会应急力量参与抢险救灾网上申报系统正式上线运行，可实现社会应急力量网上登记备案和审核、灾情信息发布、救援申请、抢险救援管理等功能。

(4) 2022 年 10 月应急管理部公告 2022 年第 6 号公布六项社会应急力量建设标准，自 2022 年 12 月 18 日起施行，它们是：

① YJ/T 1.1—2022 社会应急力量建设基础规范第 1 部分：总体要求；

② YJ/T 1.2—2022 社会应急力量建设基础规范第 2 部分：建筑物倒塌搜救；

③ YJ/T 1.3—2022 社会应急力量建设基础规范第 3 部分：山地搜救；

④ YJ/T 1.4—2022 社会应急力量建设基础规范第 4 部分：水上搜救；

⑤ YJ/T 1.5—2022 社会应急力量建设基础规范第 5 部分：潜水救援；

⑥ YJ/T 1.6—2022 社会应急力量建设基础规范第 6 部分：应急医疗救护。

在遭遇各类灾害时，社会化救援力量充分发挥属地优势，参与应急救援工作，成为国家救援力量的重要补充，是构建我国救援体系不可或缺的组成部分。社会救援队通过定期培训与演习，个人技能、专业化程度不断提高，并且具有完善的组织机构，社会力量已成为基层应急力量的重要组成部分，在各种抢险救灾中发挥着巨大作用。

社区是社会治理的基本单元，建设"第一响应人"队伍需联动社区与社会组织、社会工作者、社区志愿者、社会慈善资源等多方力量，充分发挥"五社联动"的资源链接、人力供给等治理优势。社会力量能够积极发挥自身灵活性和专业性优势，植根基层，参与社区防控，打通应急服务的"最后一公里"。

我国的社会化应急救援队伍按照突发事件救灾、救援和救助服务等功能划分，大致可分为三大类，即综合类、专业类、救助服务类。

(1) 综合类社会救援队伍。主要承担综合救援任务，能力较为突出，灾害救援、人员搜救、紧急救助等方面的任务均可承担，其成员很多来自退役消防战士或军人，具有较为丰富的实战救援经验，典型的如蓝天救援队、浙江公羊会、中国红箭救援队、北极星救援队、中安救援队、蓝豹救援队等。

蓝天救援队是中国民间专业、独立的公益应急救援机构，成立于 2007 年。蓝天救援队的宗旨是"在灾难面前，竭尽所能地挽救生命"。蓝天救援队曾参加了中国汶川地震、菲律宾海燕风灾、尼泊尔地震、斯里兰卡洪灾等国内外重大灾难的救援。迄今为止，蓝天救援队已在全国 31 个省、市，自治区超过 500 支公益救援队伍进行了品牌授权，几乎遍布全中国大、中城市，可以快速抵达救援现场。蓝天救援全国登记在册的志愿者 5 万余名，其中有超过一万名志愿者经过了专业的救援培训认证，可随时待命应对各类应急救援，是目前

53

中国最大的民间公益救援组织。

浙江公羊会成立于 2003 年，以"秉公义之心，行羊之善，回天下益士"为宗旨，是一个以慈善公益救助为己任的民间公益组织。2008 年 5 月，公羊会下属的一支执行灾害应急救援任务的专业志愿队伍——公羊队成立，专门开展国家次生灾害应急救援、户外山林灾难应急救援、突发性城市应急救援等公益救援活动。公羊队成立至今，执行了山林走失驴友救援任务 30 余次，24 小时公益急寻任务 70 余次，参加了玉树、雅安、鲁甸、景谷、康定、尼泊尔、巴基斯坦等地震救援，以及浙江余姚洪水、河南抗洪、温岭槽罐车爆炸等救援行动，共救助了 6000 多人的生命。如今，公羊队在浙江、四川、山西、新疆，以及美国达拉斯，意大利等地成立了救援总队，且已具备符合国际搜索与救援咨询团中型救援能力，并参加了多次跨国地震救援。

中国红箭救援队创建于 2008 年 8 月，是经民政部门批准成立的应急救援专业社会组织；是应急救援技能培训考评工作专业机构；是抢险救灾、紧急救援、社会救助专业工作队伍。该队在全国多个省市设有分队。

厦门市北极星救援队成立于 2009 年 5 月，由一群曾经奔赴汶川参与 2008 年 5·12 大地震紧急救援工作的厦门志愿者组织建立，曾多次参与省内外多起大型自然灾害的救援救灾工作。队伍以"北极星"为名，寄语这支民间救援队伍："划破黑暗，用自己的努力让困境中的人们升起生的希望"。2009 年，厦门市北极星救援队正式加入了厦门市公安局 110 情报指挥中心的 110 社会联动协议，主要为厦门市及周边山野地区提供专业应急救援支持。

中安救援队，成立于 2011 年 5 月。是由一批专业救援队员发起并组成的一支从事野外遇险、自然灾害等紧急情况救援的公益性团体。中安救援队曾经参与汶川、舟曲、盈江大地震等重大自然灾害的紧急救援，和多起公共安全意外事故的紧急救援，并屡获殊荣。

中国蓝豹救援队成立于 2013 年 10 月，是国内首个由全国性公募基金会直接设立的、由专业志愿者参与的民间救援救灾力量。中国蓝豹救援队先后参与了 7·22 甘肃岷县地震、天水洪灾、11·29 青海玛多雪灾、海南"威马逊"抗风救灾、云南鲁甸地震、江西水灾、云南景谷地震、尼泊尔地震救援等重大自然灾害救灾救援工作。

(2) 专业类社会救援队伍。根据成员的专业背景和能力特点，专注于某一类或几类对专业救援技能水平要求较高的应急救援任务，如北京"绿野"救援队以山地救援为主；重庆"奥特多"救援队以洞穴救援为主；厦门"北极星"救援队以水上救援为主；乐清志愿救援服务队以水下救援为主；温州民间空中救援队以空中救援为主；广州"青基会救援辅助队"以城市救援为主，该类社会救援队伍较为分散，组织规模大小不一。

(3) 救助服务类社会救援队伍。主要是为灾害受害者及其家属提供必要的救助服务和后勤保障服务，如紧急安置、心理疏导、救灾物资及善款筹措等，帮助受灾群众尽快渡过难关。该类社会救援队伍点多面广，大多数面向街道和社区等基层公众，救援工作相对灵活。

据不完全统计，截至 2021 年底，民政部门注册的社会化应急救援队伍 1700 余支、红十字会救援队 531 支，共有队员 61.4 万余人，其中专职队员 1048 人，骨干队员 18.9 万余人、普通队员 42.4 万余人。

直到今天，社会化救援力量仍然未能与国家救援力量完美结合，未能形成一个完整的立体网格结构和良性生态系统。2022 年 2 月 14 日，国务院正式发布《"十四五"国家应急体系规划》，明确指出：社会应急力量的有序发展、有效参与已经成为我国新时期应

急管理体系和能力现代化建设中的重要发力方向。规划指出：要制定出台加强社会应急力量建设的意见，对队伍建设、登记管理、参与方式、保障手段、激励机制、征用补偿等作出制度性安排，对社会应急力量参与应急救援行动进行规范引导。开展社会应急力量应急理论和救援技能培训，加强与国家综合性消防救援队伍等联合演练，定期举办全国性和区域性社会应急力量技能竞赛，组织实施分级分类测评。鼓励社会应急力量深入基层社区排查风险隐患、普及应急知识、就近就便参与应急处置等。推动将社会应急力量参与防灾减灾救灾、应急处置等纳入政府购买服务和保险范围，在道路通行、后勤保障等方面提供必要支持。

第四章　安全生产专职救援队

《中华人民共和国安全生产法》规定，生产经营单位的主要负责人是本单位安全生产第一责任人。

安全生产是红线、底线、生命线，是发展的前提，是关系人民群众生命财产安全的大事，是经济社会协调健康发展的标志，是党和政府对人民利益高度负责的要求。安全生产一旦失守，生产经营单位是应急"第一响应人"。

单位负责人接到事故报告后，应当迅速采取有效措施，组织抢救，防止事故扩大，减少人员伤亡和财产损失，并按照国家有关规定立即如实报告当地负有安全生产监督管理职责的部门。

负有安全生产监督管理职责的部门接到事故报告后，应当立即按照国家有关规定上报事故情况。

有关地方人民政府和负有安全生产监督管理职责的部门的负责人接到生产安全事故报告后，应当按照生产安全事故应急救援预案的要求立即赶到事故现场，组织事故抢救。

4.1　安全生产专职救援队概述

安全生产专职救援队是处理事故灾难的职业性、技术性并实行军事化管理的专业队伍。

事故灾难主要为生产安全事故、交通运输事故、公共设施和设备事故、环境污染事件以及生态破坏事件等。

安全生产专职救援队主要负责各类事故灾难的应急抢险救援，参加工矿企业的安全预防性检查，参加现场医疗急救，参与自然灾害的应急救援。

《深化党和国家机构改革方案》明确，安全生产应急救援队伍与转制后的公安消防部队、武警森林部队，一并作为综合性常备应急骨干力量。

通常，安全生产专职救援队主要包括通讯联络分队、抢险抢修分队、侦检抢救分队、医疗救援分队、消防分队、治安分队、后勤分队、事故调查组、事故善后及处理小组。

我国安全生产领域专职救援队门类齐全，管理规范正规。

我国现有的安全生产专职救援队除少数属于事业单位性质外，大多数是依托企业建立起来的。截至 2021 年年底，全国现有安全生产专职应急救援队伍 1193 支，专职救援指战员 6.87 万余人。其中包括矿山专职救援队 378 支、煤矿专职救援指战员 2.69 万余人，非煤矿山专职救援指战员 2600 余人；危险化学品专职救援队 560 支，危险化学品专职救援指战员 3.44 万余人；隧道专职救援队 13 支、水上专职救援队 24 支、油气管道专职救援队 36 支；其他专职救援队(油气田、城市燃气、地铁、金属冶炼、电力抢修等)182 支。国家安全生产专职应急救援队伍数量统计见图 4.1。

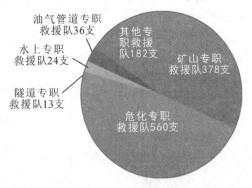

图 4.1　国家安全生产专职应急救援队数量统计

截至 2021 年年底，依托矿山、危险化学品、隧道、油气管道、水上等行业领域，全国建有 91 支、1.97 万余人的国家级安全生产专职应急救援队伍，分布在全国 29 个省(自治区、直辖市)和新疆生产建设兵团(见表 4.1)。其中包括国家矿山专职应急救援队 38 支、救援人员 7752 人；国家危险化学品专职应急救援队 35 支、救援人员 9568 人；国家油气管道应急专职救援队 6 支、救援人员 910 人；国家隧道施工专职应急救援队 4 支、救援人员 168 人；国家水上专职应急救援队 2 支、救援人员 100 人；国家油气田井控专职应急救援队 2 支、救援人员 137 人；国家安全生产医疗应急救援基地、国家危险化学品应急救援技术指导中心、国家安全生产应急救护(瑞金)体验中心，以及国家安全生产应急救援勘测队各 1 支(个)、救援人员 1072 人(见图 4.2)。国家安全生产专职应急救援队地区分布见表 4.2。

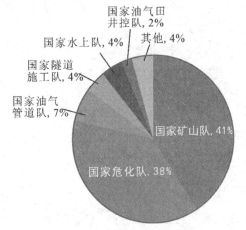

图 4.2　国家级安全生产专职应急救援队统计

表4.1　国家级安全生产专职应急救援队伍名称及分布

序号	专业领域	名　称	所在区域
1		国家危险化学品应急救援大庆油田队 (国家危险化学品应急救援实训演练大庆基地)	黑龙江
2		国家危险化学品应急救援长庆油田队	陕西
3		国家危险化学品应急救援新疆油田队	新疆
4		国家危险化学品应急救援大庆石化队	黑龙江
5		国家危险化学品应急救援吉林石化队	吉林
6		国家危险化学品应急救援抚顺石化队	辽宁
7		国家危险化学品应急救援兰州石化队	甘肃
8		国家危险化学品应急救援乌鲁木齐石化队	新疆
9		国家危险化学品应急救援大连队	辽宁
10		国家危险化学品应急救援广西石化队	广西
11		国家危险化学品应急救援四川石化队	四川
12		国家危险化学品应急救援燕山石化队	北京
13		国家危险化学品应急救援齐鲁石化队	山东
14		国家危险化学品应急救援天津石化队	天津
15		国家危险化学品应急救援扬子石化队	江苏
16		国家危险化学品应急救援镇海炼化队	浙江
17		国家危险化学品应急救援广州石化队	广东
18	危险化学品	国家危险化学品应急救援重庆川维队	重庆
19		国家危险化学品应急救援石家庄炼化队	河北
20		国家危险化学品应急救援武汉石化队	湖北
21		国家危险化学品应急救援海南炼化队	海南
22		国家危险化学品应急救援青岛炼化队	山东
23		国家危险化学品应急救援中原油田队 (国家危险化学品应急救援实训演练濮阳基地)	河南
24		国家危险化学品应急救援普光队	四川
25		国家危险化学品应急救援惠州队	广东
26		国家危险化学品应急救援神华鄂尔多斯队	内蒙古
27		国家危险化学品应急救援神华宁东队	宁夏
28		国家危险化学品应急救援泉州石化队	福建
29		国家危险化学品应急救援中化舟山队	浙江
30		国家危险化学品应急救援中煤榆林队	陕西
31		国家危险化学品应急救援青海盐湖队	青海
32		国家危险化学品应急救援云南石化队	云南
33		国家危险化学品应急救援茂名石化队	广东
34		国家危险化学品应急救援安庆石化队	安徽
35		国家危险化学品应急救援七台河队	黑龙江

续表一

序号	专业领域	名 称	所在区域
36		国家矿山应急救援开滦队	河北
37		国家矿山应急救援大同队	山西
38		国家矿山应急救援鹤岗队	黑龙江
39		国家矿山应急救援淮南队	安徽
40		国家矿山应急救援平顶山队 (国家陆地搜寻与救护平顶山基地)	河南
41		国家矿山应急救援芙蓉队	四川
42		国家矿山应急救援靖远队	甘肃
43		国家矿山应急救援汾西队	山西
44		国家矿山应急救援平庄队	内蒙古
45		国家矿山应急救援沈阳队	辽宁
46		国家矿山应急救援乐平队	江西
47		国家矿山应急救援山东能源队	山东
48		国家矿山应急救援郴州队	湖南
49		国家矿山应急救援华锡队	广西
50		国家矿山应急救援天府队	重庆
51		国家矿山应急救援六枝队	贵州
52		国家矿山应急救援东源队	云南
53		国家矿山应急救援铜川队	陕西
54	矿山	国家矿山应急救援青海队	青海
55		国家矿山应急救援新疆队	新疆
56		国家矿山应急救援兵团队	新疆
57		国家矿山应急救援华能扎赉诺尔队	内蒙古
58		国家矿山应急救援白山队	吉林
59		国家矿山应急救援神华宁煤队	宁夏
60		国家矿山应急救援神华新疆队	新疆
61		国家矿山应急救援武钢队	湖北
62		国家矿山应急救援中煤大屯队	江苏
63		国家矿山应急救援中煤新集队	安徽
64		国家矿山应急救援(中国有色)大冶队	湖北
65		国家矿山应急救援(中国有色)红透山队	辽宁
66		国家矿山应急救援(中国黄金)朝阳队	辽宁
67		国家矿山应急救援(中国黄金)秦岭队	河南
68		国家矿山应急救援(中国黄金)延边队	吉林
69		国家矿山应急救援(中国黄金)黔西南队	贵州
70		国家矿山应急救援大地特勘队	北京
71		国家矿山应急救援华电安顺队	贵州
72		国家矿山应急救援新疆八钢队	新疆
73		国家矿山应急救援神华神东队	陕西

序号	专业领域	名　称	所在区域
74	油气管道	国家油气管道应急救援昆明队	云南
75		国家油气管道应急救援廊坊队	河北
76		国家油气管道应急救援沈阳队	辽宁
77		国家油气管道应急救援乌鲁木齐队	新疆
78		国家油气管道应急救援徐州队	江苏
79		国家油气管道应急救援深圳队	广东
80	隧道施工	国家隧道应急救援中铁二局昆明队	云南
81		国家隧道应急救援中国交建重庆队	重庆
82		国家隧道应急救援中铁五局贵阳队	贵州
83		国家隧道应急救援中铁十七局太原队	山西
84	水上	国家水上应急救援重庆长航队	重庆
85		国家水上应急救援南京油运队	江苏
86	油气田井控	国家油气田井控应急救援川庆队	四川
87		国家海上油气应急救援渤海(天津)队	天津
88	其他	国家安全生产应急救援勘测队	北京
89		国家安全生产医疗应急救援基地(应急总医院)	北京
90		国家危险化学品应急救援技术指导中心	山东
91		国家安全生产应急救护(瑞金)体验中心	江西

表4.2　国家级安全生产专职应急救援队地区分布表

序号	所在区域	小计	危化	矿山	油气管道	隧道施工	水上	井控	其他
1	北京市	4	1	1	0	0	0	0	2
2	天津市	2	1	0	0	0	0	1	0
3	上海市	0	0	0	0	0	0	0	0
4	重庆市	4	1	1	0	1	1	0	0
5	河北省	3	1	1	1	0	0	0	0
6	山西省	3	0	2	0	1	0	0	0
7	辽宁省	6	2	3	1	0	0	0	0
8	吉林省	3	1	2	0	0	0	0	0
9	黑龙江省	4	3	1	0	0	0	0	0
10	江苏省	3	1	1	0	0	1	0	0
11	浙江省	2	2	0	0	0	0	0	0
12	安徽省	3	1	2	0	0	0	0	0
13	福建省	1	1	0	0	0	0	0	0
14	江西省	2	0	1	0	0	0	0	1
15	山东省	4	2	1	0	0	0	0	1
16	河南省	3	1	2	0	0	0	0	0
17	湖北省	3	1	2	0	0	0	0	0

续表

序号	所在区域	小计	危化	矿山	油气管道	隧道施工	水上	井控	其他
18	湖南省	1	0	1	0	0	0	0	0
19	广东省	4	3	0	1	0	0	0	0
20	海南省	1	1	0	0	0	0	0	0
21	四川省	4	2	1	0	0	0	1	0
22	贵州省	5	0	3	0	1	0	0	0
23	云南省	4	1	1	1	1	0	0	0
24	陕西省	4	2	2	0	0	0	0	0
25	甘肃省	2	1	1	0	0	0	0	0
26	青海省	2	1	1	0	0	0	0	0
27	内蒙古自治区	3	1	2	0	0	0	0	0
28	广西壮族自治区	2	1	1	0	0	0	0	0
29	西藏自治区	0	0	0	0	0	0	0	0
30	宁夏回族自治区	2	1	1	0	0	0	0	0
31	新疆维吾尔自治区	7	2	4	1	0	0	0	0
合　计		91	35	38	6	4	2	2	4

　　此外，交通运输部交通运输事故救援也逐步纳入到专业性安全生产应急救援体系，截至 2021 年年底，全国共有海上搜救人员 1.5 万余人。

　　因此，截至 2021 年年底，全国共有安全生产专职应急救援指战员 8.37 万余人。

4.2　危险化学品专职救援队

　　需要特别指出的是危险化学品应急救援隶属于专业性安全生产应急救援队伍体系。

4.2.1　危险化学品专职救援队概述

　　危险化学品事故应急救援是指发生危险化学品事故时，为控制危害源、抢救受害人员、指导群众防护、消除后果等工作，将危害及伤亡降到最低而组织的应急性救援活动。

　　危险化学品专职救援队是由国家规划，国家与地方和依托单位共同投资建设的，能够承担规划服务区域内及跨区域特别重大和复杂危险化学品事故处置任务的重要救援队伍；具备危险化学品应急救援人才储备、技术储备、装备储备和救援人员培训与演习训练功能；危险化学品专业救援队建设具体由场地、营房建筑、车辆装备、人员配备等内容构成。

　　危险化学品专职救援队建队时间早、历史积累深厚、跟国际接轨，是安全生产专职救援队中最重要的力量之一。

　　为适应我国危险化学品产业迅速发展的种种态势，以危险化学品专职应急救援队伍建设为基础，以 500～800 公里范围为救援半径，国家安全生产应急救援中心 2016 年完成了危险化学品应急救援基地整体布局，统筹考虑我国化工园区和危险化学品企业主要分布，强化区域覆盖能力需求，兼顾高寒、湿热、高海拔等不同气候、地形条件特点，在所有拟布局基地中选择了分属于中国石油、中国石化、中国中化、中煤能源的 11 家危险化学品救援任务较重、综合实力较强、建设基础较好、建设需求相对迫切的基地，优先集中建设资金强化装备配备，尽快提升其作战能力，形成各区域处置重特大事故能力的骨干力量。11 家基地所处地域覆盖了东北(大庆、抚顺)、华北(天津)、西北(兰州、克拉玛依、榆林)、华东(浙江舟山、南京)、华中(武汉)、西南(重庆)、华南(海南洋浦)等地，进一步提升了湖北、海南、重庆、陕西等地区高水平危险化学品应急救援力量。

国家安全生产应急救援中心依托中国石油大庆油田公司和中国石化中原油田公司，建设了大庆和濮阳两个危险化学品实训演练基地。2019 年，在危险化学品行业大型中央企业现有应急救援培训演练资源的基础上，加强实训演练设施系统建设和装备器材配备，强化信息化等先进技术应用，为全国各层级危险化学品应急救援指战员技战术培训、实战演练、比武竞赛提供必要的软硬件环境。同时，兼顾危险化学品从业人员、应急管理人员和社会公众等应急知识技能培训体验和危险化学品应急救援新技术新装备研发、测试、推广等工作。

2017 年，国家重点支持了 22 支中央企业危险化学品和油气田开采救援队伍，配备了专业救援车辆、消防枪炮、个体防护装备、侦检设备、通信指挥设备、培训演练系统等各类装备共计 1438 台(套)，初步形成了我国应对重特大危险化学品生产安全事故的中坚力量。

2018 年，国家先期建设的 11 个国家危险化学品应急救援基地、2 个危险化学品实训演练基地，以及重点支持的 22 家中央企业危险化学品和油气田开采约 1.1 万人的救援队伍，主要承担本行业、企业危险化学品安全生产事故应急处置任务。

2019 年，我国三大石油化工公司应急救援联动的体制和机制已建立并发展完善。设立了专门的组织机构；建立健全了年度工作会议、联席会议、应急演练、应急专家管理、应急资源调用及补偿、经费保障等制度；在全国范围内建立了 11 个陆上联防区、4 个海上联防区，覆盖三大石油化工公司所有企业；明确了三大石油化工公司区域联动启动条件与程序；建立了应急资源共享数据库，开发了中国石油、中国石化、中国海油应急联动平台。在 2019 年，国家提出将隧道和危险化学品应急救援列入最新版国家职业大典，成为一种职业。与此同时，《应急救援员国家职业技能标准》明确了相应职业技能等级的应急救援员需要具备的职业道德、专业技能和相关知识要求，并要求采取理论知识考试、技能考核综合评审相结合的方式对相应等级的职业技能进行鉴定。这意味着危险化学品应急救援人员的职业晋升渠道逐渐明朗化，为这一群体未来的职业发展提供了更大的空间。

此外，国家还积极引导地方加强危险化学品应急救援队伍建设，明确要求各地区以国家级基地建设为抓手，研究建立本地区危险化学品应急救援队伍体系，督促企业加强应急救援能力建设，形成应对危险化学品事故的协同作战体系。

在危险化学品行业大型中央企业现有应急救援培训演练资源的基础上，各单位还加强实训演练设施系统建设和装备器材配备,强化信息化等先进技术应用，为全国各层级危险化学品应急救援指战员技战术培训、实战演练、比武竞赛提供必要的软硬件环境。同时，兼顾危险化学品从业人员、应急管理人员和社会公众等应急知识技能培训体验和危险化学品应急救援新技术新装备研发、测试、推广等工作。国家在大庆油田和中原油田建立了 2 个国家级危化品应急救援(实训)基地，着力打造成为培养一流危化品应急救援人才的"摇篮"。

截至 2021 年年底,全国共有危险化学品专职应急救援队伍 560 支、危险化学品专职救援指战员 3.44 万余人,其中国家级危险化学品专职应急救援队 35 支、危险化学品专职救援指战员 9568 人。

4.2.2 危险化学品行业应急救援能力影响因素分析

1. 应急救援难点

以下分别从危险化学品事故多发的生产、储存和运输三个环节,通过实例分析事故的救援难点。

(1) 炼油、化工生产装置火灾爆炸事故的救援难点主要包括:

① 爆炸危险性大。炼油、化工生产装置由于大量易燃易爆危险品的存在,发生事故往往是先爆炸后燃烧,或先燃烧后爆炸,甚至是燃烧与爆炸相互交替。设备管线泄漏可燃气体或液体、设备超温超压破裂泄漏、工艺反应失控,或者静电积聚放电等多种原因,均可能引发爆炸,对人员生命和财产安全构成极大威胁。

② 易燃易爆危险化学品的种类多、数量大,消防救援时需针对不同着火介质采用对应的灭火剂。炼油、化工生产装置使用的原料、半成品和成品种类繁多,且多为易燃、易爆、有毒、有害的危险化学品,因阀门垫片、管道焊缝等原因发生泄漏引发火灾,特别是引发设备框架平台、塔、釜等立体火灾时,着火介质往往不是单一介质。

③ 燃烧速度快。炼油、化工装置的建(构)筑物平面布局、工艺流程特点和物料的易燃易爆特性,都为事故后火灾快速蔓延提供有利条件,尤其是爆炸引发火灾后,燃烧速度极快,且易形成立体火灾。

④ 火情复杂,火灾危害大。

(2) 石油、天然气井喷事故的救援难点主要包括:

① 易引发火灾,且燃烧火柱高,火焰温度高,辐射热强。由于火势迅猛,极强的辐射热使井场周围的空气、地表温度都急剧升高,救援人员、车辆难以靠近,给扑救火灾造成极大困难。

② 事故多伴随有毒气体泄漏,易造成人员中毒伤害。油气开采过程中,多伴随产生硫化氢等有毒气体,且硫化氢为剧毒物质。我国职业健康标准允许最高浓度仅为 10 mg/m^3,实验表明若达到或超过 1000 mg/m^3 可导致人员电击式死亡。

③ 事故灾情形势多变,研判指挥困难。由于火焰形状变化多,受高温火焰烘烤作用,井喷现场常会出现井架塌落、井口破坏、钻具变形,从而改变油气流喷射方向,形成不规则燃烧,既有垂直上喷,也有四周斜喷。易形成大面积火灾,油气井喷出的石油散落到井场周边的设备及建筑物上会引发燃烧。井壁塌方、钻机和井架陷落地下,原井位更会形成喷泉,大量油气还会形成流淌火,增加扑救难度。

④ 现场环境复杂,应急救援受限。

(3) 危险化学品管道输送事故的救援难点主要包括:

① 事故易发于居民生活区或其他人员密集场所,易对周边居民、建筑、车辆造成重大损失。泄漏油品易进入城市公用管道,排查、清理难度大。例如 2013 年青岛"11·22"事

故中，原油从管道泄漏进入市政排水暗渠发生爆炸，为了确保现场抢险救援工作的绝对安全，杜绝再次发生可燃气体聚集爆炸事故，对发生爆炸的排水暗渠可能相通的所有雨水、污水等各类市政管道、古力井进行全部排查，对油气超标点进行妥善排险处理。

② 输油管道火灾火情复杂，扑救难度大。2010 年大连中石油油库"7·16"火灾，也是因为原油库输油管道发生爆炸，引发大火并造成大量原油泄漏，导致部分原油管道和设备烧损。

③ 管道输送事故需要多方协调救援力量，涉及大量人员疏散。例如青岛"11·22"事故发生后，现场指挥部先后组织超过 2000 名武警及消防战士、专业救援人员，调集 100 余台(套)大型设备和生命探测仪等，紧急开展人员搜救等工作。2009 年 10 月 29 日，印度拉贾斯坦邦某油库因输油管压力阀门破损，燃油泄漏引发火灾爆炸，大火迅速蔓延到罐区的全部 11 个油罐，造成了 13 人死亡，受伤超过 150 人，当地组织疏散撤离近 50 万人，直到 11 月 11 日大火最终被扑灭，损失价值约为 7.58 亿美元。

2. 人员因素

经过调查表明，在化工企业安全中，85%的事故均是由人的行为引起的，所有从事化工生产、管理和应急救援工作的参与人员，即化工企业管理决策人员、从事生产的员工、企业安全监督管理人员、政府安全监督管理人员、企业或政府应急救援人员等，他们在整个应急救援过程中均具有相关的工作任务和责任，他们的行为都会对应急救援结果产生影响。

3. 物的因素

由于化工行业的生产具有材料多样、工艺流程复杂、厂区内生产和加工的设备设施较多、各种管路线路交错复杂等特点，加强化工行业物的不安全状态检查和管理尤为重要。这里的"物"主要是指生产、监测预警、应急避险、安全防护、应急救援等各种装备设备，其各种生产设备及对应的其他设备是否建设完善、系统能否稳定运行、性能是否安全可靠等情况，对于维护生产安全、降低事故危害、有效救援等具有重要作用。

4. 环境因素

无论是化工企业生产厂区环境还是外部环境，其环境参数均能够对应急救援工作的有效开展产生影响。同时，化工行业事故的发生根据其严重程度或多或少也会对环境造成影响，而应急救援工作人员则需要克服恶劣环境的影响，执行应急救援任务。

5. 管理因素

有人的活动就有管理，唯有通过系统、有效的组织和管理工作，各单位群体才能够进行正常稳定的生产作业活动，可行的应急救援管理系统是保证应急救援工作顺利有效进行的必要条件。

4.2.3　国家级危险化学品专职救援队

1. 大庆油田队

国家危险化学品大庆油田队驻地位于黑龙江省大庆市让胡路区，是 1960 年伴随着大庆油田开发建设组建，并不断发展壮大的一支专业救援队伍。先后经历了公安民警、现役部队、企业公安、企业专职等多种管理体制。2018 年 1 月被国家安全生产应急救援指挥中心命名为国家危险化学应急救援大庆油田队(国家危险化学品应急救援实训演练大庆基地)。主要承担大庆油田、大庆炼化、东北销售大庆分公司、中油管道大庆输油气分公司等单位消防安全检查、火灾扑救及社会抢险救援任务，以及东北地区重大危险化学品事故救援任务(见图 4.3)。

图 4.3　国家危险化学品应急救援大庆油田队在救援中

大庆油田队机关设 8 个部室，下辖 22 个基层消防队(24 座消防站)、7 个大队级后勤辅助单位，指战员 1971 人。配备有大跨度举高喷射、三项射流、远程供水等各类消防车辆 167 台，以及防护、破拆、救生、堵漏、洗消等各类抢险救援装具器材 6600 余件(套)。

2. 长庆油田队

国家危险化学品应急救援长庆油田队依托中国石油长庆油田公司建设，驻地位于陕西省西安市，1970 年组建。长庆油田队下辖 8 个大队，50 个中队，指战员 1800 余人。配备有 2 套远程消防供水系统、1 套油气井灭火装置、190 台主战车辆、26 台辅战车辆、1429 套(件)抢险救援器材，满足危化品应急救援和油气田灭火救援需求。辖区横跨陕甘宁蒙四省(区)，主要承担长庆油田公司及区域内中国石油相关单位火灾扑救、应急救援、戒备监护、消防监督、防火宣传、中国石油第四联防区消防联防等任务，以及重特大地震灾害救援支援任务，参与驻地周边火灾扑救和抢险救灾任务。

长庆油田队结合油气田建设发展安全需求，健全救援组织机构，形成了以靖边、延安、定边、庆阳、苏里格消防大队为依托的五大区域消防应急救援中心。创建了“平时分散管理，战时统一调度”的队伍运行模式，构建了“自有队伍+业务承包队伍”相结合的力量架构，有效满足应急救援需要。建立了“月度专项演练、季度联合演练、年度综合演练”实战化模式和“中队月考、大队季考、支队年考”的专业化达标考核机制，打造作风过硬、素质优良的专业应急救援队伍(见图 4.4)。

图 4.4　国家危险化学品应急救援长庆油田队

3. 新疆油田队

国家危险化学品应急救援新疆油田队依托中国石油天然气股份有限公司新疆油田分公司建设，驻地位于新疆维吾尔自治区克拉玛依市。队伍始建于 1957 年 9 月，主要承担新疆油田公司所属单位的消防监督检查、火灾扑救、油田动火现场监护、油气井压裂现场监护以及井喷、管线泄漏等各类抢险救援任务，以及克拉玛依市周边地区社会抢险救灾任务。

新疆油田队现有指战员 550 人，下辖 6 个基层大队、9 个中队，有 13 个执勤点，辖区面积 13 万平方公里。配备有重型泡沫、举高喷射、消防云梯、通信指挥等消防执勤车 90 余台，以及各类侦检、破拆、救生等专业救援装备器材 1246 件(套)。建队以来，新疆油田队共完成灭火抢险救援任务 14 500 余起(见图 4.5)。

图 4.5　国家危险化学品应急救援新疆油田队

4. 大庆石化队

国家危险化学品应急救援大庆石化队依托中国石油大庆石化公司建设，始建于 1961 年，先后经历了公安民警、现役部队、企业专职等多种管理体制，主要承担大庆石化公司所属厂区、生活区的消防安全监督、现场监护、抢险救援、气防监护、消防宣传等任务，以及东北片区重特大危险化学品事故区域联防救援任务。

大庆石化队现有指战员 420 人，设 5 个职能科室，下辖 4 个基层大队、1 个消防站，配备了举高喷射消防车、重型泡沫消防车、泡沫水罐车、涡喷消防车、化学洗消车、灭火机器人、移动消防炮、大流量拖车消防炮，以及红外热成像仪、生命探测仪、便携式工业有害气体检测仪等专业救援装备器材(见图4.6)。

图4.6　国家危险化学品应急救援大庆石化队

5. 吉林石化队

国家危险化学品应急救援吉林石化队依托中国石油吉林石化公司建设，始建于 1981年，主要承担吉林地区危险化学品事故应急救援和吉林石化公司消防管理工作，以及东北地区中国石油所属企业消防区域联防任务。吉林石化队设 5 个机关职能科室，下辖 5 个消防大队、1 个特勤大队，现有指战员 428 人。配备有各类消防车辆 59 台，以及各类应急救援装备 3 万余件(套)(见图4.7)。

图 4.7　国家危险化学品应急救援吉林石化队在救援中

6. 抚顺石化队

国家危险化学品应急救援抚顺石化队依托中国石油抚顺石化公司建设，2002 年整合中国石油抚顺石化公司石油一、二、三厂和腈纶、洗化、储运、化塑等七支厂所属消防队成立抚顺石化消防支队，2018 年 1 月被国家安全生产应急救援指挥中心命名为国家危险化学品应急救援抚顺石化队。主要承担抚顺石化公司 23 家直属企业，76 套主要生产装置和 100余套辅助及配套装置防火监督检查、消防监护、灭火救援等消防保卫任务，以及东北地区重特大危险化学品事故应急救援任务(见图 4.8)。

图 4.8　国家危险化学品应急救援抚顺石化队

抚顺石化队现有指战员 488 人，设作战训练部、防火安全部、消防装备部、财务部、人事组织部、党群工作部和综合办公室等 7 个部室，下辖 4 个大队、2 个分队，共计 23 个中队，分布在抚顺石化公司各主要生产厂及仓储油库的 9 个消防站点。配备有水罐、泡沫、干粉、高喷、运兵、供气、宿营、洗消、抢险救援、火场指挥、卫星通信、平台举高等消防车辆 55 台。

7. 兰州石化队

国家危险化学品应急救援兰州石化队依托中国石油兰州石化公司建设,始建于 1956 年 3 月,2018 年 1 月被国家安全生产应急救援中心命名为国家危险化学品应急救援兰州石化队。主要承担兰州石化公司、中石油驻兰企业,以及国家管网公司储备库、部分输油管线防火检查、消防灭火、安全监护、事故救援等任务(见图 4.9)。

图 4.9　国家危险化学品应急救援兰州石化队

兰州石化队现有指战员 462 人，设五科一室，下辖 8 个基层大队。配备有重型泡沫、干粉、72 米高喷、56 米高喷、50 米大跨度高喷、42 米举高、32 米高喷、25 米三向射流、18 米和 16 米多功能泡沫、涡喷、大型移动充气、大型抢险、大型洗消、应急通信等各类消防车辆 57 台以及各类抢险救援装备。

8. 乌鲁木齐石化队

国家危险化学品应急救援乌鲁木齐石化队依托中国石油乌鲁木齐石化公司建设，驻地位于新疆维吾尔自治区乌鲁木齐市。队伍始建于 1976 年，2018 年 1 月被国家安全生产应急救援指挥中心命名为国家危险化学品应急救援乌鲁木齐石化队，主要承担新疆地区危险化学品事故灾害应急救援任务。

乌鲁木齐石化队现有指战员 125 人，设机关综合办、战训科、设备材料科，以及 4 个执勤中队。配备有高喷消防、涡喷消防、重型泡沫消防、干粉联用、抢险救援、洗消、供气等各类消防救援车辆 32 台，以及无齿锯、液压撑顶器、便携式等离子弧切割机等救援器材和重型防化服、佩戴式防爆照明灯等安全防护装备和应急抢险特种装备器材 505 件，首次出警可一次性携带 42 吨泡沫、62 吨水、3 吨干粉投入灭火救援战斗任务。建队以来，累计出动车辆 3 万余台(次)，为保护人民群众生命财产安全作出了重要贡献(见图 4.10)。

图 4.10　国家危险化学品应急救援乌鲁木齐石化队队员在比武中

9. 大连队

国家危险化学品应急救援大连队依托大连港集团建设，2013 年 7 月组建，主要承担大连大孤山化工园区、能源港区、全市危险化学品企业事故应急救援工作，并承担省、市及中国北方区域危险化学品事故救援工作。大连队现有指战员 54 人，其中指挥人员 3 人，战斗员 47 人，其他保障人员 4 人，大连港应急保障中心负责业务指导。针对大孤山地区危险化学品企业的特殊性、危险性，设立了远程供水系统取水点 3 个，配备有举高喷射消防车、涡喷消防车、移动消防炮车、大流量拖车消防炮，以及侦检仪器等专业装备器材(见图 4.11)。

图 4.11　国家危险化学品应急救援大连队在救援中

10. 广西石化队

国家危险化学品应急救援广西石化队依托中国石油广西石化公司建设，驻地位于广西壮族自治区钦州市钦州港经济技术开发区，2008 年 6 月建队，主要承担广西石化厂区、库区、码头等单位灭火救援、防火检查、安全监护任务，以及周边地区危险化学品事故救援支援任务。广西石化队现有指战员 108 人，配备有举高喷射、水罐泡沫、干粉、干粉泡沫联用、涡喷、抢险救援、通信、供气、气防、危化品救援、指挥、运兵等各类消防车辆 23 台，以及抢险救援和防护装备器材(见图 4.12)。

图 4.12　国家危险化学品应急救援广西石化队

11. 四川石化队

国家危险化学品应急救援四川石化队依托中国石油四川石化公司建设，驻地位于四川省成都平原西北彭州市石化基地工业园区，2012 年 9 月建队，主要负责四川石化园区火灾扑救、抢险救援、气体防护、现场监护和消防安全监督等，承担周边地区事故灾害救援支援任务。四川石化队设四个科室及三个基层消防大队，指战员 221 人。配备有举高喷射、重型泡沫、抢险救援等各类消防车辆 48 台，以及灭火、救援、防护、侦检、破拆、照明、输转等器材 7 大类 668 件(套)(见图 4.13)。

图 4.13 国家危险化学品应急救援四川石化队

12. 燕山石化队

国家危险化学品应急救援燕山石化队依托中国石化燕山石化公司建设，驻地位于北京市房山区，成立于 1973 年 8 月，主要承担燕山石化公司安全生产及燕山地区消防安全工作，担负火灾预防、火灾扑救、抢险救灾、气体防护、山林防火等任务，履行燕山石化公司气体防护站及山林防火办公室的职责。燕山石化队现有指战员 223 人，设战训科、综合(党群)科、防火科、气防科等 4 个职能科室和 5 个基层中队。配备有同步载有静中通卫星通信及 5G 通信系统的大型通信指挥车、化学洗消车、供气车、16～72 米高喷车、54 米登高平台车、涡喷车、大功率消防车、拖车炮、灭火机器人、卢卡斯破拆工具组、红外成像仪等先进救援装备(见图 4.14)。

图 4.14 国家危险化学品应急救援燕山石化队

13. 齐鲁石化队

国家危险化学品应急救援齐鲁石化队依托中国石化齐鲁石化公司建设，驻地位于山东省淄博市临淄区辛化路 2706 号，队伍始建于 1966 年 10 月，2005 年 6 月实行消气防一体化管理，主要承担齐鲁石化公司灭火救援、消防管理、气防管理、管廊巡护、现场监护等抢险救援任务，以及山东省周边危险化学品事故应急救援任务。齐鲁石化队现有指战员 438 人，设 3 个科室，6 个基层大队。配备有云梯消防、高喷消防、奔驰泡沫、德国曼消防、优迪狮泡沫、干粉消防、多功能抢险救援、气防等各类消防车辆 82 台，以及专业救援设备器材(见图 4.15)。

图 4.15　国家危险化学品应急救援齐鲁石化队在救援中

14. 天津石化队

国家危险化学品应急救援天津石化队依托中国石化集团天津石化分公司建设，驻地位于天津市滨海新区大港，主要承担天津石化、中沙(天津)石化、天津商储库区等 7 家重点消防单位消防战备执勤和京津冀地区危险化学品应急抢险救援任务。天津石化队现有指战员 280 人，设战训装备科、消防管理科、气防管理科、119 应急救援中心、党群工作科(综合科)等 5 个科室和大港一大队、大港二大队、南港一大队、南港二大队等 4 个大队。配备有各种消防救援车辆 48 台，以及无人机、机器人、远程供水系统、生命探测仪等多种先进智能应急救援装备(见图 4.16)。

图 4.16　国家危险化学品应急救援天津石化队

15. 扬子石化队

国家危险化学品应急救援扬子石化队依托原中国石化扬子石化消防中心建设，驻地位于江苏省南京市，前身是扬子石化消防支队，1989 年 4 月组建，主要承担周边半径 300 公里范围内江苏、安徽两省危险化学品事故灾害应急救援工作。扬子石化队现有指战员 280 人，设 4 个机关科室(防火室、战训室、应急管理室、综合室)、1 个气体防护站、4 个基层大队。配备有泡沫消防、高喷消防、三相射流消防、大流量拖车消防炮、远程供水、抢险救援、化学洗消、气体防护急救等各类消防车辆 76 台，以及大流量灭火机器人、灭火排烟机器人、灭火侦检机器人、无人机、移动炮、融合指挥通信设施设备等专业救援装备(见图 4.17)。

图 4.17　国家危险化学品应急救援扬子石化队

16. 镇海炼化队

国家危险化学品应急救援镇海炼化队依托中国石化镇海炼化公司建设，驻地位于浙江省宁波市镇海区蛟川街道炼化路 226 号，是中国石化应急区域联防第六片区组长单位。主要承担镇海炼化和相关企业消防保障任务，以及周边化工企业事故救援任务。镇海炼化队设战训装备室、消气防室、综合管理室 3 个科室，下辖一中队、二中队、三中队、港储中队等四个中队，现有指战员 285 人。配备有高喷射、水罐泡沫、气防、指挥、抢险救援、运兵等各类消防车辆 73 台，以及破拆、侦检、排烟、机器人、智能空呼、无人机等应急抢险特种装备器材(见图 4.18)。

图 4.18　国家危险化学品应急救援镇海炼化队在救援中

17. 广州石化队

国家危险化学品应急救援广州石化队依托中国石化广州石化公司建设，队伍始建于1994 年 6 月，主要承担广东省及周边地区重特大危险化学品事故应急救援任务。广州石化队现有指战员 231 人，设战训室、防火监督室、气防室和 3 个消防大队，实行准军事化管理，执行 24 小时战备执勤制度。配备有举高喷射消防、重型泡沫消防、泡沫水罐、涡喷消防、泡沫补给、干粉消防、多功能抢险救援消防、举高三相射流消防、化学洗消等各类消防车辆 36 台，以及移动消防炮、大流量拖车消防炮、红外气体成像仪、有害气体检测仪等先进救援装备器材，储存水成膜泡沫 180 余吨、抗溶性泡沫 10 吨、干粉 15 吨(见图 4.19)。

图 4.19　国家危险化学品应急救援广州石化队

18. 重庆川维队

国家危险化学品应急救援重庆川维队依托于中国石化重庆川维化工公司建设，驻地位于重庆市长寿区，前身是 1970 年组建的中石化四川维尼纶厂消防大队，2007 年 6 月原国家安全监管总局确定依托川维公司建设国家危险化学品应急救援重庆基地。主要承担川维公司安全风险防范、应急救援职责，同时承担周边 300 公里范围危险化学品事故灾害应急救援任务。重庆川维队现有指战员 94 人，设 1 个大队部、1 个战训组、1 个后勤组、1 个综合管理组、1 个气体防护站、3 个基层中队，实行准军事化管理，24 小时战备执勤。配备有泡沫消防、高喷消防、三相射流消防、抢险救援、化学洗消、通信指挥、排水、气体防护等各类消防车辆 30 台，履带式消防机器人 3 个、侦检无人机 2 架，以及红外线测温仪、热成像仪、生命探测仪、漏电探测仪、手持式拉曼红外光谱仪、红外成像气体检漏仪、避火服、重型防化服、空呼监控系统、移动式防爆无线遥控消防炮、水力自摆炮和应急指挥系统、桌面事故推演和模拟救灾演练系统、数字化应急处置培训系统、多媒体电教设备、基础理论知识和应急抢险技能教学培训系统等(见图 4.20)。

图 4.20　国家危险化学品应急救援重庆川维队在训练中

19. 石家庄炼化队

国家危险化学品应急救援石家庄炼化队依托中国石化石家庄炼化公司建设，驻地位于河北省石家庄市循环化工园区，成立于 1979 年，主要承担石家庄炼化公司及京津冀地区危险化学品等生产安全事故应急救援任务。石家庄炼化队现有指战员 166 人，设防火、气防、战训、电讯 4 个专业组，下辖 6 个中队。配备有移动充气、多功能抢险、化学洗消、大功率泡沫、72 米高喷、泡沫供给、卫星通信、54 米举高平台等各类消防车辆 26 台，以及消防灭火机器人，消防排烟机器人等先进救援装备器材(见图 4.21)。

图 4.21　国家危险化学品应急救援石家庄炼化队

20. 武汉石化队

国家危险化学品应急救援武汉石化队依托中国石化武汉分公司建设，前身为武汉石化消防队，成立于 1974 年 11 月，主要承担中国石化武汉分公司生产厂区和周边生活区应急综合救援任务，以及周边 300 公里范围内危险化学品事故应急救援任务。武汉石化队现有指战员 205 人，下辖 3 个危险化学品应急救援中队。配套建设有应急指挥、移动应急指挥、桌面推演与数字化应急处置培训、数字化应急处置培训、多媒体电教、体能及心理素质培训、消防技战术综合训练平台、管理调度等 8 大系统，配备有灭火及抢险设备、侦检设备、洗消救护及个体防护设备、通信指挥及应急辅助决策设备、培训设备等五大类救援装备器材，其中各类灭火抢险和综合应急救援车辆 57 台、水力自摆炮 20 门、移动式防爆无线遥控消防炮 30 门、消防机器人 9 台(含拖车 9 辆)、事故现场侦检设备 2 套、无人机 2 套，以及避火服、重型防化服、空呼监控系统等防护器材(见图 4.22)。

图 4.22　国家危险化学品应急救援武汉石化队

21. 海南炼化队

国家危险化学品应急救援海南炼化队依托中国石化海南炼化公司建设，驻地位于海南省儋州市洋浦经济开发区，主要承担海南岛范围内危险化学品企业重特大事故及相关灾害应急救援任务。海南炼化队现有指战员 100 人，设作训室、后勤保障室，下辖 3 个执勤中队，配备有各类消防车辆 24 台以及无人机、机器人、事故侦检设备、移动无线防爆遥控炮、应急指挥系统、应急辅助决策系统等高精尖救援装备，建有培训、训练演练等设施(见图 4.23)。

图 4.23　国家危险化学品应急救援海南炼化队

22. 青岛炼化队

国家危险化学品应急救援青岛炼化队依托中国石化青岛炼化公司建设，队伍始建于 2007 年 4 月，主要承担青岛地区危险化学品事故应急救援任务，以及跨区域重特大危险化学品事故应急救援支援任务。青岛炼化队现有指战员 73 人，配备有高喷、重型泡沫、干粉联用、泡沫运输、通信指挥、运输保障等各类消防救援车辆 19 台，建有 7 座泡沫站，储存泡沫液 300 多吨(见图 4.24)。

图 4.24　国家危险化学品应急救援青岛炼化队

23. 中原油田队

国家危险化学品应急救援中原油田队(国家危险化学品应急救援实训演练濮阳基地)依托中国石化中原油田分公司建设,驻地位于河南省濮阳市,始建于1978年8月,主要承担河南濮阳中原油田总部、四川普光气田、内蒙古探区,以及恒逸文莱、上海石化、海南炼化、北海炼化、天津LNG、青岛LNG等18个消防技术服务项目的应急救援任务,具备中高级消防指挥员、消防战斗员、防火检查员、企事业单位消防安全管理人员和易燃易爆重点岗位员工专业培训资质。中原油田队现有指战员1336人,设7个职能科室,5个直属科级单位,12个应急救援大队,执勤力量分布于全国12省(自治区、直辖市)20余个市(县区),配备各类抢险救援器材10大类317种(套)3万余件、应急救援车辆175辆(见图4.25)。

图4.25　国家危险化学品应急救援中原油田队(国家危险化学品应急救援实训演练濮阳基地)

24. 普光队

国家危险化学品应急救援普光队驻地位于四川省达州市,依托中国石化中原油田分公司建设。2007年6月,被原国家安全生产监管总局命名为国家油气田救援川东北基地,为全国四个油气田救援基地之一;2018年1月,被国家安全生产应急救援指挥中心命名为国家危险化学品应急救援普光队;2019年11月,被四川省应急管理厅命名为四川省危化救援专业队。作为中国石化第十一联防区组长单位,主要承担普光气田以及中国石化集团公司驻西南地区9家企业的消防、气防、应急值守、环境监测、泥浆配送、医疗救护、维稳处突等7大任务,以及川、渝地区社会救援任务。普光队现有指战员235名,设5个职能科室和7个基层队(站)。配备有通信指挥、消防坦克、强风抢险等各类消防车辆65台,以及救援器材400余种3万余套(件)(见图4.26)。

78

图 4.26　国家危险化学品应急救援普光队

25. 惠州队

国家危险化学品应急救援惠州队 2014 年 9 月建队，是原国家安全监管总局在广东惠州大亚湾开展化工园区安全生产应急管理创新试点成果之一，实现了危险化学品应急救援专业化、社会化、市场化运作模式。主要承担广东省及周边地区危险化学品事故和自然灾害抢险救援任务，为企业提供预防性检查、应急培训演练、前置备勤和高风险作业监护等服务。惠州队现有指战员 39 人，设队长 1 人、副队长 3 人、危化救援技术专家 5 人、战斗员 30 人。配备有 72 米举高喷射消防、56 米举高喷射消防、25 米举高喷射三相消防、大流量泡沫消防、多功能抢险救援、涡喷消防等各类消防车辆 10 台，以及灭火机器人、无人机、RDK 气体检测系统、红外气体成像仪、有毒有害气体检测仪、易燃易爆气体检测仪、堵漏工具、洗消装备等专业抢险器材，具备堵漏、洗消、灭火、侦检、气体防护等处置能力(见图 4.27)。

图 4.27　国家危险化学品应急救援惠州队

26. 神华鄂尔多斯队

国家危险化学品应急救援神华鄂尔多斯队依托中国神华煤制油化工公司鄂尔多斯煤制油分公司建设，驻地位于内蒙古鄂尔多斯市伊金霍洛旗乌兰木伦镇。2007 年建队，主要承担鄂尔多斯煤制油公司煤直接液化项目消防安保任务，以及周边蒙、陕、晋 250 公里范围内危险化学品事故和社会消防救援任务。神华鄂尔多斯队现有指战员 56 名，设战训、防火 2 个业务组，2 个执勤中队。配备有举高喷射、重型泡沫、干粉等各类消防车辆15 台，通信指挥、气防救护、供液等辅助车辆 7 台，以及灭火、侦检、破拆、堵漏、抗洪、驱烟、高空救援等 7 大类 400 余种应急救援器材，建设了培训、指挥及辅助决策系统平台 3 套，常年储备抗溶泡沫、水成膜泡沫、干粉、超细干粉、火冰等各类灭火药剂100 吨以上(见图 4.28)。

图 4.28　国家危险化学品应急救援神华鄂尔多斯队

27. 神华宁东队

国家危险化学品应急救援神华宁东队依托国家能源集团宁夏煤业公司建设，驻地位于宁东煤化工基地。2007 年 5 月宁夏煤业公司组建煤化工消防队，与国家矿山应急救援神华宁煤队共同负责宁夏煤业公司各生产矿井及外协矿井、煤制油化工板块各单位的预防性安全检查、事故灾害救援及安全技术工作，主要承担宁夏回族自治区危险化学品生产、储存、运输等环节事故灾害应急救援任务。危化救援神华宁东队和矿山救援神华宁煤队两支国家专业队同属宁煤应急救援中心管理，宁煤应急救援中心现有指战员 400 余人，设 7 个职能科室、3 支矿山救护中队、3 支危化救援中队和 1 支特种装备队，配备有个人防护、侦检、破拆、堵漏、转输、钻孔、洗消、照明排烟、灭火、通信等矿山、危化专业救援装备(见图 4.29)。

图 4.29　国家危险化学品应急救援神华宁东队

28. 泉州石化队

国家危险化学品应急救援泉州石化队依托于中化泉州石化有限公司建设，驻地位于福建省泉州市惠安县东桥镇，成立于 2013 年 4 月 1 日，主要承担中化泉州石化有限公司生产厂区和周边生活区综合救援任务，以及福建省全境和广东、江西、浙江部分区域危险化学品事故应急救援任务。泉州石化队现有指战员 160 人，设战训、防检、气防、综合四个职能部门，下辖炼油项目 2 个消防大队、乙烯项目 2 个消防大队、1 个国家危化品应急救援大队。现有各类消防车辆 45 台，配备有举高喷射消防车、大跨度举高喷射消防车、大流量拖车炮、远程供水系统、化学洗消车、应急供电车、通信指挥车、三项射流举高喷射车、移动供气车，以及生命探测仪、四合一气体检测仪、红外热成像仪等专业救援装备器材(见图 4.30)。

图 4.30　国家危险化学品应急救援泉州石化队

81

29. 中化舟山队

国家危险化学品应急救援中化舟山队依托中化集团舟山仓储基地建设,驻地位于浙江省舟山市,2016年9月原国家安全监管总局批复建设,由中化舟山危化品应急救援基地有限公司负责建设运营,主要承担大型储罐全液面火灾扑救,以及驻地周边陆地、海上危险化学品事故灾害救援任务。中化舟山队现有专业救援队伍16支、指战员400余人,分布在浙江舟山、温州、镇海,江苏连云港,广东惠州等地,配备有应急保障船、大流量远程灭火系统、重型消防车、应急指挥系统等先进救援装备,全天候24小时为各石油仓储、炼化、危险化学品道路运输、核电、精细化工等企业保驾护航(见图4.31)。

图4.31 国家危险化学品应急救援中化舟山队在海上救援中

30. 中煤榆林队

国家危险化学品应急救援中煤榆林队依托中煤陕西公司建设,驻地位于陕西省榆林市,前身是2013年成立的中煤陕西公司消气防中心,主要负责中煤陕西公司消防安全和厂区安防工作,主要承担陕甘宁蒙晋危险化学品事故和灾害救援支援任务。中煤榆林队现有指战员142人,设1个119值机室和4个执勤中队,每个中队设3个执勤班组,实行24小时消防气防安防备勤。配备有1辆通信指挥车、7辆高喷车、4辆重型泡沫/水联用消防车、2辆大型水罐车、1辆涡喷车、1辆多功能抢险救援车、1辆充气车、1辆照明车等各类消防车辆30台,以及4台灭火机器人、1台侦检机器人、2架无人机和侦检、逃生、破拆、灭火、堵漏、照明、防毒、排烟、洗消等专业救援装备器材(见图4.32)。

图4.32 国家危险化学品应急救援中煤榆林队

31. 青海盐湖队

国家危险化学品应急救援青海盐湖队依托青海盐湖工业股份有限公司建设，主要承担察尔汗工业园区及周边地区的现场消防管理、防火检查、消防安全培训、应急救援任务，以及青海省重大复杂危险化学品事故应急救援任务，具备危险化学品应急救援人才储备、技术储备、装备储备和救援人员培训与演练训练等功能。青海盐湖队现有指战员 123 人，设综合装备科、战训科、消防检查科，下辖两个大队、一个消防站。配备有 72 米高喷消防车、重型泡沫消防车、侦检灭火机器人、侦检无人机及大流量拖车炮等先进救援装备。现有执勤消防车辆 32 台，执勤消防装备器材 12 类 250 种 7000 余件，储存泡沫液 55 吨，干粉灭火剂 26 吨(见图 4.33)。

图 4.33 国家危险化学品应急救援青海盐湖队

32. 云南石化队

国家危险化学品应急救援云南石化队依托中国石油云南石化公司建设，驻地位于云南省昆明市安宁区(现安宁市)草铺镇石化路 1 号，2014 年 7 月组建云南石化消防队，2019 年 4 月应急管理部批复建设国家危险化学品应急救援昆明基地。主要承担中国石油在滇企业及周边区域应急抢险救援、中石油第四联防区 9 家炼化企业跨地区应急救援和增援任务，负责云南石化公司火灾扑救、抢险救援、消防监督管理、预防性防火检查、动火、有限空间作业、装置开停工等应急救援和安全监护工作。云南石化队现有指战员 100 人，设战训、装备、综合、防火安全等 4 个专业管理部门，下辖 2 个执勤队、16 个班组。配备了泡沫、干粉、水罐、举高喷射、登高平台、通信指挥、抢险救援、气防、人员救护等 9 类 17 台消气防救援车，以及泡沫液、干粉、空气呼吸器、水力自摆移动消防炮、无线遥控移动消防炮、水幕发生器、直流喷雾自保水枪、侦检、破拆、个人防护等各类灭火抢险救援器材 17 大类 126 个品种 3280 余件(套)(见图 4.34)。

图 4.34　国家危险化学品应急救援云南石化队的应急救援装备

33. 茂名石化队

国家危险化学品应急救援茂名石化队依托中国石化集团茂名石化公司建设，前身为茂名石化消防支队，始建于 1958 年，2019 年 4 月国家安全生产应急救援中心依托茂名石化队开展了国家危险化学品应急救援茂名石化基地项目建设，2021 年 12 月该项目通过中国石化集团验收。茂名石化队主要承担茂名石化及其相关企业消气防保障、驻地周边化工企业事故救援任务，应急救援范围辐射粤桂两地 400 公里。茂名石化队设防灾减灾室、救援救护室、装备管理室、综合管理(党群)室 4 个科室，下辖炼油中队、特勤中队、乙烯中队、水东中队、北山岭中队、湛江中队、金塘中队、高端碳消防站等 8 个中队(站)，分别驻守在广东省茂名、湛江 2 市 4 区的炼油化工生产厂区、储运码头、原油罐区及液化气站，现有指战员 302 人，配备有举高喷射、水罐泡沫、远程供水、三相射流等各类消防车 75 台，以及破拆、侦检、排烟、堵漏、机器人、智能空呼、无人机等各类应急抢险特种装备器材 1732 件(见图 4.35)。

图 4.35　国家危险化学品应急救援茂名石化队在训练中

34. 安庆石化队

国家危险化学品应急救援安庆石化队始建于 1975 年 3 月，先后经历企业专职消防队、现役部队、公安、企业专职消防队等多种体制。2012 年 3 月被安徽省安全生产应急救援中心命名为安徽省危险化学品应急救援安庆石化队，2019 年 4 月国家安全生产应急救援中心依托安庆石化队开展国家危险化学品应急救援安庆石化队建设，2021 年 12 月该项目通过中国石化总部验收。主要承担安庆石化区域内防火、灭火、气体防护以及突发事故抢险救援任务，承担辐射半径 400 公里范围内的危险化学品应急救援任务。安庆石化队现有指战员 223 人，设战备科、防火科、综合管理科和 2 个大队(4 个执勤中队)。配备有大功率消防、举高喷射、抢险救援、通信指挥、运兵、气防等各类消防车辆 50 台，以及破拆、堵漏、侦检器材、消防灭火机器、消防侦检无人机、大流量排水设备和各种防护装备等应急救援器材和装备(见图 4.36)。

图 4.36 国家危险化学品应急救援安庆石化队的指挥调度中心

35. 七台河队

国家危险化学品应急救援七台河队位于黑龙江省七台河市新兴化工园区七桦路与宝泰隆路交会处，是黑龙江省七台河市政府直属事业单位，由应急管理部与七台河市政府共同建设，2021 年 11 月建设项目通过验收。主要负责七台河市各类危险化学品事故灾害处置，为企业提供预防性检查、制定应急救援措施、应急培训、预案演练等服务，主要承担黑龙江省东部地区危险化学品企业重特大事故应急救援任务。七台河队占地面积 4.4 万平方米，总建筑面积 1.6 万平方米，建有特勤消防站、物资储备库、消防训练塔、综合实训楼、体能训练馆等设施。现有指战员 56 人，设综合协调、作战训练、装备管理、宣传培训等内设机构，实行准军事化管理，24 小时担负值班备勤任务。配备有 56 米大跨度举高、多功能重型泡沫、重型泡沫、水干粉联用、抢险运兵、供气、泡沫原液补给、重型水罐、抢险救援、多功能危险化学品监测、化学洗消、通信指挥、清障等各类消防车辆 20 台，以及侦检、通信、抢险、堵漏、灭火、洗消及个体防护等国内外先进救援装备，应急储备物资库储备各类应急救援装备及物资 5000 余件。同时，七台河队积极整合区域内森林防火、防汛抗旱、矿山排水等救援装备，具备重特大危险化学品事故应急处置能力(见图 4.37)。

图 4.37　国家危险化学品应急救援七台河队

4.3　矿山专职救援队

需要特别指出的是矿山应急救援隶属于专业性安全生产应急救援队伍体系。

4.3.1　矿山专职救援队概述

矿山专职救援队是处理矿山事故灾害的职业性、技术性并实行军事化管理的专业队伍。

矿山应急救援是我国最早开展的应急工作项目之一，历史可以追溯到 1951 年。1951 年 9 月发布的《煤矿保安规程》附录就有《井下救护队规程》。1953 年 12 月发布的《中国煤矿军事化矿山救护队试行规程》包含了 6 章总计 135 条。图 4.38 为 1954 年淮南矿务局救护队结业典礼集体照。

图 4.38　1954 年淮南矿务局救护队结业典礼集体照

　　矿山救援队建队历史悠久、管理规范、专业基础扎实，为稳定我国矿山安全生产作出了卓越贡献。近些年比较典型的案例就有：2010 年山西王家岭煤矿透水事故救援中 153 人被困人员有 115 人获救(见图 4.39)。2015 年山东省平邑石膏矿坍塌救援中，国内第一次采用大口径钻孔救援技术成功获救 15 人(见图 4.40)。2018 年 8 月，山东寿光遭受大面积洪涝灾害，应急管理部从山东及周边 5 省调集了 16 支安全生产应急救援队共 352 人，共同开展排涝救灾工作，圆满完成受灾地区应急排涝任务(见图 4.41)。

图 4.39　2010 年山西王家岭煤矿透水事故救援

　　矿山救援队也是最早与国际接轨的专业性应急救援队伍，2003 年加入国际矿山救护组织(IMRB)后，第五届国际矿山救援技术竞赛于 2006 年 9 月在中国河南举行，第五届国际矿山救援大会于 2011 年 10 月在中国北京举行。

图 4.40　2015 年山东省平邑石膏矿坍塌救援

图 4.41　2018 年山东寿光排涝救援

《煤矿安全规程》规定：所有煤矿必须有矿山救护队为其服务。《矿山救护规程》规定：矿山企业均应设立矿山救援队。地方政府或矿山企业，应根据本区域矿山灾害、矿山生产规模、企业分布等情况，合理划分救援服务区域，组建矿山救援大队或矿山救援中队。生产经营规模较小、不具备单独设立矿山救援队条件的矿山企业应设立兼职救援队，并与就近的矿山救援队签订有偿服务救援协议，费用按矿井规模及灾害程度收取。具体标准由各省、自治区、直辖市相关部门按照实际情况确定。签订救援协议的救援队服务半径不得超过 100 公里；矿井比较集中的矿区经各省(区)具有安全生产监管职责的部门规划、批准，可以联合建立矿山救援大(中)队。年生产规模达到 120 万吨以上的大型矿井应当建立或联合建立矿山救援队，60 万吨以上的煤与瓦斯突出矿井、高瓦斯矿井、距离救援队服务半径超过 100 公里的矿井，必须单独设立矿山救援队。

我国现有的矿山专职救援队除少数属于事业单位性质外，大多数是依托矿山企业建立起来的。

截至 2021 年年底，全国建有专职矿山救援队伍 378 支，其中煤矿救援队 300 支、非煤矿山救援队 78 支；专职煤矿救援指战员 2.69 万余人、专职非煤矿山救援指战员 2600 余人；其中国家级矿山应急救援队 38 支、专职矿山救援指战员 7752 人。

统计表明：有效的应急救援可将事故损失降低到无应急救援的 6%，是保障矿工生命的重要手段。矿山救援行动是专职/兼职的救援队员联合处置各种矿山事故灾害的行动，它包括矿山各种突发性事故灾难、自然灾害的抢险救援和井下遇险遇难工人的应急救援行动。抢险救援行动复杂、紧张、高危、艰险，尤其是井下灾害事故，其往往是无法预测和控制的。在常见的事故发生的时候，如瓦斯及煤尘爆炸、冒顶等，救援队员不仅要将遇险遇难人员救出，将事故造成的损害降到最低或完全消灭，还要在衍生、次生灾害发生时保护好自身人身安全，保存有生救援力量。事故发生都会非常突然，造成的灾害后果瞬间就形成了，且危险性极高，救援难度极大，对救援要求极高。对于矿山救援队指战员来说，及时有效地将事故造成的人员伤害和经济损失降到最低是义不容辞的责任，所以矿山专业性应急救援队伍的建设对矿山生产企业井下作业人员的生命安全和国家财产安全具有重要的意义。

经过"十二五""十三五"期间的建设，我国已基本形成由"各级矿山安全监察部门、矿山救援中心统一指挥，国家队为支撑，省级骨干矿山应急救援队和各矿山企业救援队为主要力量，兼职矿山救援队为辅助力量"的矿山应急救援体系。形成了"小事故矿井自救，较大事故矿区互救，重大事故区域救助，特别重大事故国家支持"的矿山事故应急处置模式。

4.3.2　矿山专职救援队的特点与职责

1. 矿山专职救援队的特点

矿山专职救援队与其他行业的应急救援有所区别，带有风险性、紧迫性以及军事化等特点，需要及时更新救援手段并提高整体队伍的业务操作能力。救援工作的特点主要表现为以下几个方面。

(1) 带有明显的军事化特点：矿山救援队虽是矿山企业的下属部门，但实际的组织和管理基本由地区政府和相关组织负责，故而本身就带有军队化性质，需要严格的规章制度进行约束且救援应急工作需要极高的机动性，军事化管理恰好能够满足这一要求。

(2) 救援压力和风险大：矿山开采一旦出现问题就会引起一系列的连锁反应，带有难以预测的危险性，但对于救援人员而言，即使险情未知也要在接到救援通知后立即赶往现场并及时展开救援活动，需要承受的身心压力巨大。

(3) 救援队员个人素质要求高：应急救援是救人于水火、救人于危难的神圣工作。在事故发生后，人们大都选择向外逃生，救援队伍却必须迎难而上逆向而行。这就要求救援队员必须具有过硬的素质和能力。同时，生产安全事故应急救援工作具有很强的技术性和专业性，应急救援队员时刻面临着身体和心理的双重考验。因此，要求应急救援人员在熟练掌握相关应急救援专业知识和技能的同时，还必须具备良好的身体条件、过硬的心理素质，以及奉献、敬业、团结合作的精神。

2. 矿山专职救援队的职责

矿山专职应急救援队的主要职责有以下几点：

(1) 主要负责煤矿/非煤矿山自然灾害、事故灾难的应急抢险救援。煤矿井下五大自然灾害(瓦斯、煤尘、水、火和顶板灾害)不管是哪一种其产生的破坏性都是不可估量的，且产生的次生衍生事故的破坏性比其本身的破坏性还要严重，造成的人员伤亡更多和经济损失更大。此时矿山救援队的首要任务是在保证自身安全的情况下选择最短的路线，以最快的速度对灾区进行勘察，采取一切可能采取的措施，迅速恢复灾区的通风设施，对灾区内的有毒有害气体进行稀释。但是在处理火灾和爆炸性事故时，恢复通风前特别要注意灾区内是否有火源等高温热源的存在，以防再次着火或者爆炸。必要的时候在确保进风侧的人员全部撤离后，矿山救援队此时可以考虑是否采取反风的方法来保证回风侧的人员安全撤离。发生冒顶事故造成巷道堵塞，矿山救援队应抓紧时间清理堵塞物，及时抢救被埋、被堵人员。若巷道堵塞严重，救援队员可以采取其他能尽快恢复通风救人的可行办法，同时要恢复堵塞区外的通风，用呼喊、敲击等方法，或采用生命探测仪器判断遇险人员位置，与遇险人员联系。一时无法接近时，应设法利用钻孔、压风管路等方法给遇险人员提供新鲜空气、饮料和食物，一旦通路打开，立即进入灾区抢救遇险人员。

非煤矿山由于矿种的多种多样，矿体条件各有不同，导致赋存矿体的水文地质条件复杂。非煤矿山大多存在着生产规模小，采掘机械化程度低，专业人员匮乏等特点。非煤矿山事故类型主要是坍塌、物体打击、冒顶和高处坠落等四类事故，占事故总量的66%左右。这些主要事故类型与煤矿事故类型相差无几。同时由于许多非煤矿山是私营个体小型矿山，没有配备专业的应急救援队。多数矿山企业的应急预案编制不规范、不完善，可操作性不强，形同虚设，流于表面，应付检查。即使制定了应急预案，也未有效开展应急培训工作，致使从业人员缺乏应急救援常识，遇到突发情况不知如何处置，甚至错误施救，导致事故扩大。因此矿山救援队也要及时有效地进行非煤矿山的应急救援。

(2) 参加井下安全预防性检查。矿山专职救援队在处理矿山灾害事故时必须对矿井的基本情况有一定的了解，才可以迅速制订合理而有效的抢险救援方案。而矿井管理者提供的资料往往与实际情况存在很大的出入，给救援工作带来了很大的不便。如果救援队之前对该地点进行过预防检查并掌握其详细资料，那么就可以根据灾情，迅速准确地制订抢险救灾方案并展开抢险救灾行动，从而极大地缩短事故应急响应时间。在矿井灾害发生、发展过程中，遇险人员受到的生命威胁、事故损失程度和抢险救灾的难度都随着时间的推移呈指数式增长。矿山救援队越早介入并中止事故进程，遇险人员生命安全就越有保障，抢险救灾行动的效率和抢险救灾的成功率也就越高。因此，有效地进行预防性检查是矿山救援行业与矿井的契合点。

通过矿山专职救援队对矿山的预防性安全检查，及时排查、治理矿山安全生产隐患，预防生产安全事故，减少事故带来的损失，从而保障职工生命安全和矿山生产安全，更好地落实"安全第一、预防为主、综合治理"的安全生产方针。矿山救援队通过强化"主动预防"，坚持"关口前移，预防在先"，强化救援职能由事后救援向超前预防转变，积极作为，充分主动地履行救援服务协议规定的义务，达到熟悉服务矿井地理位置、了解工作面布局及生产工艺，切实提高安全救援能力，充分发挥保障作用的目的。

矿山专职救援队不但要始终保持临战状态、严格训练，加强值班备勤和应急物资配备，针对服务矿井，主动预防，主动服务，把预防性安全检查纳入矿山救援队的重要日常工作来抓，还要牢固树立"防范胜于救灾"的思想，通过组织预防性安全检查，提升矿山从业人员的安全意识，真正落实"生命至上、安全发展"的理念，促进各类风险隐患的深入排查治理，超前防范事故。

(3) 参与现场医疗急救。由于灾害事故一般来得比较突然，预知性和可控性差，且准备的时间又不够充足，矿山生产企业一旦发生灾害性事故，现场作业人员往往是来不及撤离的，事故造成的危害时刻威胁着现场作业人员的生命安全。据有关资料显示，在3小时内获救的伤员生存的可能性有90%，超过6小时获救的伤员生还的可能性则降到50%以下，而超过9小时获救的伤员的生还的可能性只有不到1%。矿山救援队员作为抢险救援的中坚力量，应当具有一定的专业性，及深入灾区内部进行抢险救援的能力，尽力使伤员在第一时间得到紧急医疗救助，为后续治疗做铺垫，使现场人员的生命安全得到最大限度的保障。

(4) 参与地面火灾和危化品泄漏等生产安全事故应急救援。矿山专职救援队不仅仅参与井下各种灾害的抢险救援，地面在其服务半径范围内或者是威胁到矿井安全的火灾也是其职责范围之内的工作。有的矿山生产企业还伴随着多元化的发展，如化工板块，此时矿山救援不仅承担着矿山的应急救援还担负着危化品的泄漏和着火爆炸事故的应急救援工作。

(5) 参与自然灾害的应急救援。矿山专职救援队参与的自然灾害应急救援主要是地震。我国历史上地震灾害严重，地震灾害突发性强、破坏性大，严重威胁着人民的生命和财产安全。同时随着我国经济的高速发展，城镇化进程加快，房屋建筑由以往普遍采用的土木单层房屋变为现在体量更大、材料更重的钢筋混凝土建筑，一旦发生地震，救援难度将大大增加，人拉手扒式的救援很难奏效，因此矿山专职救援队的井下搜救能力得以应用。同时自然灾害发生后经常伴随着次生灾害及其他的一些衍生灾害，例如2008年汶川大地震发生后，一度造成停水停电、通信中断、其余震以及一连串恶劣气象变化，给应急救援工作带来了很大的困难。国务院启动了一系列的应急救援方案，达到一定资质的矿山救援队也被调到一线参与应急救援。

90

4.3.3 矿山专职救援队基地建设

2003年，国家矿山救援指挥中心挂牌后，按照党中央、国务院的部署和要求，在国家安全生产监管局/总局的领导下，积极履行职责，凝聚各方面的力量，着力推动全国矿山专业性应急救援队伍体系建设，安全生产应急能力有了明显提升，在各类安全生产事故应急处置工作中发挥了关键作用。

2010年4月，国家矿山救援指挥中心在煤炭储量多、产量集中、事故多发、区域面积

大、应急救援环境差等地区，依托大型矿山企业和相关单位，建设了开滦、大同、鹤岗、淮南、平顶山、芙蓉和靖远等 7 支国家矿山救援队(简称国家队)以及汾西、平庄和沈阳等 14 支区域矿山救援队，累计投入资金 13.38 亿，配备了运输、排水、钻探、通信等一大批具有国内外领先水平的救援装备，并在组织机构、基础设施、制度规范、培训演练等方面全面开展了配套建设，矿山救援队伍规模、救援能力素质和救援保障条件等方面达到了"国际一流"的总体要求，在矿山事故灾难救援中发挥了重要作用。据统计，2012 年至 2016 年间，仅 14 支区域矿山救援队累计参与事故救援 775 次，累计参加事故救援 12575 人次，救出遇险遇难人员 928 人，其中经抢救生还 528 人，累计挽回经济损失 32 亿多元，取得了重大的经济和社会效益。

2018 年，应急管理部成立后，国家安全生产救援指挥中心和国家矿山救援指挥中心更名为国家安全生产应急救援中心和应急管理部矿山救援中心，继续加大对矿山应急救援队伍的建设。截至 2021 年底，国家建有国家级矿山救援队 38 支、专职矿山救援指战员 7752 人。在中央投资引导下，国家级应急救援队伍水平有了质的进步，基本达到了"国际一流" 的总体水准。

4.3.4　国家级矿山专职救援队

1. 开滦队

国家矿山应急救援开滦队依托开滦(集团)有限责任公司建设，驻地位于河北省唐山市路北区，前身是始建于 1952 年的开滦(集团)矿山救护大队，2013 年被确立为国家矿山应急救援开滦队，主要承担京津冀、山东北部、辽宁南部、内蒙古东部等地区重特大、复杂矿山事故救援任务，以及全国范围内大型深井水灾、城市排水救援任务。开滦队现有指战员 246 人，设综合办公室、战训部、技术装备部、培训部、后勤部、政工部等 6 个部室，以"四队一组"为基本架构，由矿山救护大队、抢险排水大队、救援钻探大队、医疗急救大队和专家组组成，下辖 3 个矿山救护中队。配备有运输与吊装、侦测与搜寻、灭火与排放、排水吊装设备、钻进掘进与支护、通信与指挥、个人防护、地震救援等八大类 621 台(套)装备设备(见图 4.42)。

图 4.42　国家矿山应急救援开滦队

2. 大同队

国家矿山应急救援大同队依托晋能控股煤业集团建设，前身是成立于 1952 年 3 月的大同矿务局矿山救护大队，一直是全国矿山救护骨干力量，始终保持特级标准化水平，2004年被国家安全监管总局确定为国家级矿山救援基地，2010 年确定为七支国家矿山应急救援队之一，2018 年 1 月被国家安全生产应急救援中心命名为国家矿山应急救援大同队，主要承担山西、陕西、内蒙古中西部地区矿山事故救援和地震、洪涝等自然灾害救援任务。大同队现有指战员 521 人，设 9 支直属中队、3 支区域救护队，分布在内蒙古鄂尔多斯和山西大同、朔州、忻州、晋中等地。配备有包括矿山救援、地震救援、森林灭火、地面排涝等 3550 台(套)抢险救援装备(见图 4.43)。

图 4.43　国家矿山应急救援大同队

3. 鹤岗队

国家矿山应急救援鹤岗队依托龙煤集团鹤岗分公司建设，驻地位于黑龙江省鹤岗市，前身是 1998 年原鹤岗矿务局集中各矿救护队建立的鹤岗区域救护大队，2005 年被原安全监管总局确定为国家矿山应急救援队，2018 年 1 月被国家安全生产应急救援指挥中心命名为国家矿山应急救援鹤岗队，主要承担鹤岗矿区煤矿应急抢险及黑龙江、吉林、内蒙古东部地区重特大、特别复杂矿山事故救援任务。鹤岗队现有指战员 188 人，设战训部、技术装备部、党群工作部、地方煤炭协管部、经营管理部及综合办公室和 4 个救护中队及 1 个应急救援车队，配备有运输吊装、排水、侦测搜寻、灭火、钻进掘进与支护、通信指挥、仿真模拟演练及个人防护类救援装备(见图 4.44)。

图 4.44　国家矿山应急救援鹤岗队在训练中

4. 淮南队

国家矿山应急救援淮南队依托淮河能源控股集团有限责任公司建设，驻地位于安徽省淮南市谢家集区蔡家岗，前身为组建于 1954 年的淮南军事化矿山救护大队，2013 年 6 月被原国家安全监管总局命名为国家矿山应急救援淮南队，成为首批国家重点建设的七支国家矿山应急救援队之一，主要承担华东地区重特大、特别复杂矿井事故，作为安徽省矿山救护培训基地，长期为省内矿山(非煤矿山)应急救援队伍进行培训。淮南队占地规模 240 亩，建有综合办公楼、驻勤楼、救援装备库、综合训练馆、标准体育场、直升机停机坪、井下模拟巷道等设施。现有指战员 460 人，设救护大队、排水分队、钻探分队、医疗分队和专家组。配备有大型救生钻机、高扬程大流量水泵、多功能装备保障车、集成式发电照明车、卫星通信指挥车、野外宿营车、大功率城市排涝车等救援装备，并建有现代化指挥调度信息系统，实现指挥调度精准高效(见图 4.45)。

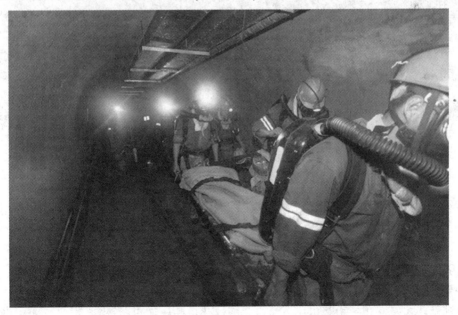

图 4.45　国家矿山应急救援淮南队参加井下救援行动

93

5. 平顶山队(国家陆地搜寻与救护平顶山基地)

国家矿山应急救援平顶山队依托中国平煤神马集团建设,始建于1958年,是全国最早建设的3个矿山救护中心之一,全国矿山救护质量标准化特级队伍,2009年确定为"国家陆地搜寻与救护平顶山基地",2010年确定为国家矿山应急救援平顶山队,2018年1月被国家安全生产应急救援指挥中心命名为国家矿山应急救援平顶山队(国家陆地搜寻与救护平顶山基地),主要承担河南、湖北、湖南、广东、广西、海南等地矿山事故救援任务和全国自然灾害救援,以及国际矿山(隧道)应急救援任务,具备陆地搜寻与救护人才、技术、装备储备和培训功能。平顶山队按照"四队一组"模式建设,现有指战员134人,设11个科室,对中国平煤神马集团10支驻矿救护中队、4支兼职救护队进行业务指导、监督检查。配备有通信、破拆、支撑、搜寻、急救、起重运输、个人防护、气体化验、钻探、排水等10大类61种1300余台(套)救援装备器材(见图4.46)。

图4.46 国家矿山应急救援平顶山队参加地震灾害应急救援行动

6. 芙蓉队

国家矿山应急救援芙蓉队依托四川川煤华荣能源有限责任公司建设,驻地位于四川省宜宾市珙县巡场镇,前身是创建于1958年的南桐矿区第一建井公司救护队,2013年被原国家安监总局命名为国家矿山应急救援芙蓉队,是首批国家重点建设的7支国家矿山应急救援队之一,主要承担四川、重庆、云南、贵州、广西范围内重特大、特别复杂矿山事故救援和抗震救灾、排水排涝等社会救援任务。芙蓉队现有指战员465人,下辖5个救援分队,分别驻扎于宜宾市、华蓥市、达州市、攀枝花市和广元市。建有综合办公楼、训练馆、运动场,配备有大口径救生钻机、井下快速成套支护装备、液压剪切扩张设备、大型抢险排水设备、野外生活保障车、卫星通信指挥车、180 吨全路面汽车起重机等救援装备(见图4.47)。

图 4.47　国家矿山应急救援芙蓉队应急救援待命中

7. 靖远队

国家矿山应急救援靖远队隶属甘肃靖远煤电股份有限公司,始建于 1969 年,随着矿区煤炭生产建设的不断发展与壮大、队伍规模逐渐扩大,1993 年被原煤炭工业部命名为靖远救护中心,系全国六大救护中心之一,主要承担西北地区的矿山救援任务。2004 年被甘肃煤矿安全监察局命名为省级矿山救援中心。2007 年被国家安全生产监督管理总局、国家煤矿安全监察局命名为国家级矿山救援基地和国家级矿山排水基地。2010 年被国家安全生产监督管理总局命名为国家矿山应急救援靖远队,重点服务于甘肃、青海、宁夏、新疆及内蒙古西部等区域。2012 年 9 月,成立白银市地质灾害应急救援大队。2017 年 4 月被甘肃省安全生产监督管理局命名为甘肃省煤矿应急救援靖煤集团基地。2019 年 3 月被甘肃省应急管理厅命名为甘肃应急管理学院矿山实训基地。靖远队按"四队一组"(矿山救援大队、抢险排水大队、救援钻探大队、医疗急救大队和专家组)架构建制,现有指战员 261 人,其中矿山救援大队 177 人、抢险排水大队 35 人、救援钻探大队 35 人、医疗急救大队 14 人。队部设作战训练部、救援调度指挥中心、技术装备部、综合管理部、党委工作部、后勤保障部、工会,以及 3 个直属中队。配备有各类救援装备约 1137 台(套),有运输吊装、侦测搜寻、灭火排放、排水设备、钻进掘进与支护、破拆工具、气体分析化验设备、通信与指挥、仿真模拟与演练评价设备、个体防护、信息处理设备及装备工具等。初步形成了应急救援综合体系(见图 4.48)。

图 4.48 国家矿山应急救援靖远队进行装备检查

8. 汾西队

国家矿山应急救援汾西队依托山西焦煤汾西矿业集团公司建设,驻地位于山西省孝义市,1959年开始建队,2010年被原国家安全监管总局建设为区域矿山应急救援汾西队,2018年1月被国家安全生产应急救援指挥中心命名为国家矿山应急救援汾西队,主要承担山西省中西部及周边区域重特大、特别复杂矿山事故,以及地震等自然灾害救援任务。汾西队现有指战员331人,设10个管理科室、8个中队(其中孝义驻地3个中队、驻外5个中队),建有培训、体育训练、地下演习训练、消防训练、模拟仿真演练等设施,配备有运输与吊装、侦测与搜寻、灭火与排放、钻进掘进与支护、通信与指挥、水灾救援、应急保障等装备器材28类48台(套)(见图4.49)。

图 4.49 国家矿山应急救援汾西队的指挥调度中心

9. 平庄队

国家矿山应急救援平庄队依托内蒙古赤峰市平庄煤业(集团)有限责任公司建设，驻地位于内蒙古赤峰市平庄西露天街道，前身是成立于 1979 年的平庄矿务局救护大队，2005年被列为首批 14 个国家级矿山救援基地之一，2018 年 1 月被国家安全生产应急救援指挥中心命名为国家矿山应急救援平庄队，主要承担赤峰市、通辽市和锡林郭勒盟煤矿及非煤矿山事故灾害应急救援，同时承担内蒙古自治区周边矿山事故和重特大灾害救援任务。平庄队现有指战员 177 人，设 4 个救援中队、13 个救援小队，设有战训科、技术装备保障科、消防科、党群工作部、经营管理科、综合办公室、纪委办公室等 7 个职能科室。配备有便携式气相色谱仪、音视频生命探测仪、矿用远距离灾区侦测系统、便携式爆炸物检测仪、液态二氧化碳灭火装备、矿用自动排风装置、全液压钻机、大扭矩履带式全液压钻机、多功能灾区仿真模拟演练系统、矿用救灾无线通信系统、救援指挥信息平台终端系统、卫星通信系统、多功能集成式救援装备保障车、照明车、救援宿营车、野外生活保障车等救援装备(见图 4.50)。

图 4.50　国家矿山应急救援平庄队

10. 沈阳队

国家矿山应急救援沈阳队依托辽宁能源煤电产业股份有限公司沈阳焦煤股份有限公司建设，驻地位于辽宁省辽阳市灯塔区(现灯塔市)铁西工业园区。队伍始建于 1952 年，前身为本溪矿务局救护大队，1983 年"三局"(本溪矿务局、沈阳矿务局、辽宁煤炭基本建设局)合并后，改为沈阳矿务局救护大队，2001 年更名为沈阳煤业(集团)有限责任公司救护大队，2012 年更名为沈阳焦煤股份有限公司救护大队，2020 年 10 月成立沈阳焦煤股份有限公司应急救援服务沈阳分公司。2005 年被原国家安全监管总局确定为国家级矿山救援基地和排水基地，2011 年被原国家安全监管总局确定为国家区域矿山应急救援沈阳队，主要承担辽宁省和吉林省南部区域矿山事故救援任务，服务半径约 300 公里，参与隧道施工、地下水利工程、地质灾害等事故救援任务，具备矿山事故应急救援技术培训、装备物资储备及应急演练等功能。沈阳队驻地面积约 2.66 万平方米，现有指战员 173 人，设党群工作部、战训培训中心、财务综合管理部、后勤装备管理队、直属救护中队等机构。配备有个体防护、灭火装备、气体检测仪器、氢氧化钙分析设备、院前急救设备、体能训练系统、交通、通信及破拆工具、信息处理设备等十类 70 种 1065 台(套)先进的常规救援装备，以及运输吊装、侦测搜寻、灭火排放、排水设备、钻探掘进与支护、仿真模拟演练评价系统、通信指挥等共计七大类 38 种 72 台(套)先进的特种救援装备(见图 4.51)。

图 4.51　国家矿山应急救援沈阳队

11. 乐平队

国家矿山应急救援乐平队依托江西省投资集团有限公司建设，驻地位于江西省新余市高新区，前身为 1982 年组建的江西省煤炭集团乐平矿务局救护大队，2010 年确定为 14 支国家区域矿山应急救援队之一，主要承担江西煤业集团 7 对矿井的安全检查、技术服务和应急救援任务，以及江西、广东、福建三省的重特大矿山事故应急救援任务。乐平队现有指战员 210 人，分别驻守在萍乡、新余、丰城、景德镇(乐平)，配备有电磁波无线随钻测斜仪、大扭矩履带式全液压钻机、便携式气相色谱仪、蛇眼探测仪、远距离灾区环境侦测系统、远距离炸药探测仪、大型气体灭火装置、有毒有害气体智能排放系统、井下轻型救灾钻机、井下快速成套支护装备、多功能灾区仿真模拟与演练评价系统、井下无线宽带救灾通信系统、救援指挥信息平台终端、矿井高扬程水泵等救援装备，以及多功能救援装备保障、多功能发电照明、移动式排水供电、救援宿营、野外生活保障、大型载重、越野吊装、卫星通信指挥、50 吨车载钻机等各类救援车辆 35 台(见图 4.52)。

图 4.52　国家矿山应急救援乐平队参加抗洪抢险

12. 山东能源队

国家矿山应急救援山东能源队依托兖矿能源集团股份有限公司建设，驻地位于山东省济宁市高新区柳行街道，前身为兖州矿务局军事化矿山救护大队，始建于 1991 年 12 月。2005 年被原国家安全监管总局命名为国家矿山救援兖州基地，2011 年被确定为全国重点建设的 14 个区域救援队之一，2018 年 1 月被国家安全生产应急救援指挥中心命名为国家矿山应急救援兖州队，2021 年 12 月更名为国家矿山应急救援山东能源队，主要服务于山东能源集团兖矿能源 13 对矿井、山东能源集团鲁西矿业 2 对矿井及 21 对地方煤矿，承担山东省及华东北部地区各类矿山事故救援和地质灾害救援任务。山东能源队现有指战员 342 人，下辖 9 个直属中队，设 6 个职能科室，配备有卫星指挥车、应急电源车、越野吊装车、野外宿营车、生活保障车、大流量排水车、钻孔生命探测仪、快速成套支护装备、便携式破拆装备、人体搜寻仪、蛇眼探测仪等一系列先进救援装备(见图 4.53)。

图 4.53　国家矿山应急救援山东能源队

13. 郴州队

国家矿山应急救援郴州队依托湖南省煤业集团有限公司建设，驻地位于湖南省郴州市资兴市三都镇，前身为资兴煤矿救护中队，始建于 1956 年 7 月，主要负责湘煤集团各矿山企业应急救援任务，承担湖南、湖北、广东三省范围内重特大、复杂矿山事故，以及地震、山体滑坡、泥石流等自然灾害救援任务。郴州队驻地面积 2.46 万平方米，建有办公楼、综训楼、训练场、库房、车库、宿舍、食堂、浴室、跑道、篮球场等基础设施。现有指战员 123 人，设综合办公室、战训科、装备技术培训科、财务科等职能科室，以及救护中队、抢险排水队、救援钻探队、医疗救护队和救援专家组。配备有运输吊装、侦测搜寻、灭火排放、排水设备、钻进掘进与支护、仿真模拟演练评价、通信指挥等七大类应急救援装备(见图 4.54)。

图 4.54　国家矿山应急救援郴州队

14. 华锡队

国家矿山应急救援华锡队依托广西华锡集团建设，前身是成立于 2003 年 12 月的广西华锡集团消防中队。2010 年 11 月被确认为国家 14 支区域矿山应急救援队之一，2017 年 5 月挂牌广西矿山抢险排水救灾中心有限公司，2018 年 1 月被国家安全生产应急救援指挥中心命名国家矿山应急救援华锡队，主要承担广西、海南和广东西部矿山企业重特大、复杂事故应急抢险救援，以及贵州、湖南等省份矿山重特大透水事故抢险排水救灾任务。华锡队现有指战员 65 人，下辖 4 个分队，配备有宝峨车载钻机、卫星指挥车、发电车、荷马特快速破拆支护装备、排水设备、无人机、冲锋舟、BG4 氧气呼吸器等抢险救援和防护装备器材(见图 4.55)。

图 4.55　国家矿山应急救援华锡队

15. 天府队

国家矿山应急救援天府队依托原重庆能源集团松藻煤电公司建设，2021 年 9 月重庆能源集团煤矿淘汰煤炭落后产能关闭退出后，队伍整建制划转至重庆市应急管理局专业应急救援总队管理，驻地位于重庆市綦江区安稳救援基地。其前身是成立于 1985 年 10 月的重庆能投松藻煤电公司矿山救护大队，2018 年 1 月被国家安全生产应急救援指挥中心命名为国家矿山应急救援天府队，主要承担重庆市及周边地区重特大、复杂矿山事故，以及地震、水旱、森林火灾等应急救援任务。天府队现有指战员 59 人，设综合科、战训科、装备科、培训科、一中队和二中队，配备有运输与吊装、侦测与搜寻、灭火与排放、钻掘与支护、仿真模拟与演练评价、通信与指挥等矿山专业救援装备和森林灭火、地震救灾、水上救援等综合救援装备，以及装备保障、充气发电照明、野外生活保障、救援宿营、运兵等各类救援车辆 18 台(见图 4.56)。

图 4.56　国家矿山应急救援天府队在救援中

16. 六枝队

国家矿山应急救援六枝队依托六枝工矿(集团)有限责任公司建设,驻地位于贵州省六盘水市六枝特区,前身是六枝矿务局救护队,始建于 1970 年 10 月。2018 年 1 月被国家安全生产应急救援指挥中心命名为国家矿山应急救援六枝队,主要承担云南东北部及全省矿山企业重特大、复杂事故应急救援任务。六枝队驻地面积 1.19 万平方米,总建筑面积 1.88 万平方米,建有阶梯培训教室、多功能培训教室、3D 培训教室、室内外训练场、室内健身房、地下演习巷道等基础设施。现有指战员 122 人,设综合办公室、政工部、战训装备(安全环保)科、培训科、后勤科、财劳部等职能部室,下辖 3 个中队和 9 个小队。配备有井下轻型钻机、50 吨车载钻机、CO_2 发生器、氮气发生装置、生命探测仪、热成像仪、侦察无人机、多功能集成式充气发电照明车、野外生活保障车、多功能集成式救援装备保障车、卫星通信救护指挥车、宿营车、井下无线宽带视频通信系统、救援指挥信息平台终端等先进救援装备 1000 余台(套)(见图 4.57)。

图 4.57 国家矿山应急救援六枝队

17. 东源队

国家矿山应急救援东源队依托云南东源煤业集团建设,驻地位于云南省曲靖市富源县,国家特级矿山救护质量标准化队伍,担负云南省及周边省份重特大、特别复杂矿山事故救援及相关自然灾害应急救援任务,主要承担云南省矿山应急救援指战员业务技术、装备技术培训训练等任务。东源队现有指战员 196 人,设 4 个业务职能科室,下辖 5 个救护中队、17 个救护战斗小队,配备了运输、侦测、搜寻、灭火、排放、钻进、支护、通信、破拆、水灾救援、绳索救援、应急保障、个体防护、培训演练等先进应急救援装备(见图 4.58)。

图 4.58　国家矿山应急救援东源队

18. 铜川队

国家矿山应急救援铜川队依托陕西煤业化工集团有限责任公司铜川矿业公司建设,驻地位于陕西省铜川市耀州区长虹南路 5 号。1957 年 1 月正式建队,是西北地区成立最早的正规化、专业化矿山应急救援队,2005 年 9 月被确定为国家矿山救援基地,2014 年 8 月组建国家区域矿山应急救援铜川队,2018 年 1 月被国家安全生产应急救援指挥中心命名为国家矿山应急救援铜川队,主要承担所属企业煤矿事故救援、安全生产隐患排查和规划服务区域(陕西全境和甘肃省东部)重特大、复杂煤矿事故及非煤矿山、地面火灾、气体泄漏等事故灾害救援任务。铜川队驻地占地 82 亩、建筑面积 2.1 万余平方米,建设有综合办公楼、设备物资库、综合训练馆、室外训练场、模拟演习巷道等主要场所设施,可同时满足 180人办公和至少 100 人培训需要,以及承办大型竞赛的需求。铜川队现有指战员 469 人,设矿山救护队(专职)、垂直钻井队(兼职)、抢险排水队(兼职)3 支专业救援队,配有救援运兵车、正压呼吸器、高泡灭火机、破拆工具等近百种常规救援装备,以及卫星通信指挥系统、集成式救援装备保障车、生命探测仪、液态二氧化碳灭火装置、救灾排沙排水装备、大扭矩履带式全液压钻机、井下快速支护装备等 8 大类 38 种 92 件(套)特殊救援装备(见图 4.59)。

图 4.59　国家矿山应急救援铜川队

19. 青海队

国家矿山应急救援青海队依托青海煤业集团公司建设，驻地位于青海省西宁市大通县桥头镇矿山东路，前身是成立于 1961 年 3 月的青海省能源发展(集团)有限责任公司矿山救护队，2010 年被原安全监管总局确定为国家 14 支区域矿山应急救援队之一，2018 年 1 月被国家安全生产应急救援指挥中心命名为国家矿山应急救援青海队，主要承担青海省西宁、海东、黄南和海西部分地区煤矿、非煤矿山事故应急救援任务，以及青海、甘肃、西藏等地重特大、复杂矿山事故应急救援支援任务。青海队现有指战员 67 人，设战训科、技术装备科等职能科室，下辖大通直属中队、鱼卡驻矿中队；配备有卫星通信指挥、多功能集成式救援装备保障等 11 台应急救援车和救援指挥信息平台终端、多功能灾区仿真模拟与演练评价系统等 18 种 24 套救援装备以及《矿山救护规程》《矿山救护队质量标准化达标考核规范》中规定的大、中、小队基本装备(见图 4.60)。

图 4.60　国家矿山应急救援青海队在救援待命中

20. 新疆队

国家矿山应急救援新疆队(新疆维吾尔自治区矿山应急救援总队)是新疆维吾尔自治区财政全额拨款的县处级公益一类事业单位，前身是新疆矿山救护基地，1988 年 9 月建队，2011 年被确定为全国重点建设的 14 支区域矿山应急救援队之一，2018 年 1 月被国家安全生产应急救援指挥中心命名为国家矿山应急救援新疆队，2019 年 9 月转隶至新疆维吾尔自治区应急管理厅，主要承担新疆区域内矿山事故抢险救灾、矿山救援队实训、指战员培(复)训、应急救援物资储运等职责任务，支援西北地区乃至全国事故救援。新疆队驻地位于乌鲁木齐市，设六道湾基地、喀什路基地、西山基地及 8 个职能部门，下辖 4 个救援中队，即直属(特勤)中队、昌吉州救援中队、克州南疆救援中队、吐鲁番市救援中队；配备有总价值近 1 亿元的个人防护、钻掘钻探、破拆支护、灭火排放等 12 类 100 余种救援技术装备(见图 4.61)。

图 4.61　国家矿山应急救援新疆队

21. 兵团队

国家矿山应急救援兵团队依托新疆金川集团有限责任公司建设，前身为哈满沟煤矿救护队，始建于 1968 年。初期只有 7 名救护指战员，2007 年成立救护中队，2016 年 11 月通过国家区域队项目建设初步验收，2018 年 1 月被国家安全生产应急救援中心命名为国家矿山应急救援兵团队，主要承担南疆地区矿山事故救援任务。兵团队现有指战员 49 人，下辖 4 个矿山救护小队和 1 个医疗救护小队；配备有各类救援车辆 14 台，以及便携式气相色谱仪、蛇眼探测仪、远距离炸药探测仪、燃油惰气灭火装置、有毒有害气体智能排放系统、井下轻型救灾钻机、大扭矩履带式全液压钻机、井下快速成套支护装备等先进救援装备和防护器材，建有仿真模拟训练室、标准模拟井下演习巷道等训练设施(见图 4.62)。

图 4.62　国家矿山应急救援兵团队

105

22. 华能扎赉诺尔队

国家矿山应急救援华能扎赉诺尔队依托华能集团扎赉诺尔煤业有限责任公司建设，驻地位于内蒙古自治区呼伦贝尔市扎赉诺尔区，始建于1954年。建队初期为小队编制，1975年发展为中队编制，1987年经扎赉诺尔矿务局批准成立矿山救护大队，同年被原煤炭工业部列为全国16个煤炭救护基地之一，2018年1月被国家安全生产应急救援指挥中心命名为国家矿山应急救援华能扎赉诺尔队，主要承担内蒙古东部、黑龙江省、吉林省部分地区矿山事故救援及企业消防任务。扎赉诺尔队现有指战员185人，设战训技术科、培训装备科、综合科、消防科、党建科5个职能科室，下辖3个救护中队和1个消防中队；配备有运输与吊装、侦测与搜寻、灭火与有害气体排放、排水设备、钻机与破拆支护、模拟演练与评价系统、通信指挥及个人防护等救援装备(见图4.63)。

图4.63 国家矿山应急救援华能扎赉诺尔队装备仓库

23. 白山队

国家矿山应急救援白山队依托通化矿业(集团)有限责任公司建设，驻地位于吉林省白山市江源区八宝工业园内，前身是2012年组建的华能白山煤矸石发电应急救援队，2018年1月被国家安全生产应急救援指挥中心命名为国家矿山应急救援白山队，是吉林省唯一的矿山救护指挥员培训基地和矿山救护队员培训考核基地，主要承担通化矿业(集团)有限责任公司、白山市及周边地区的生产安全事故应急救援任务，白山队现有指战员90名，设装备科、战培科、综合科等3个科室，下辖3个中队，驻地面积9000平方米，建有训练场地、应急指挥调度中心、模拟仿真训练室、3D教室、会议室、学习室、装备库房、健身房、娱乐室、食堂、浴室等基础设施；配备有氧气呼吸器、气相色谱仪、生命探测雷达、矿井救灾排水装备、快速成套支护装备、灾区仿真模拟与演练评价系统、各种救援车辆等先进救援装备(见图4.64)。

图 4.64　国家矿山应急救援白山队参加比武

24. 神华宁煤队

国家矿山应急救援神华宁煤队依托国家能源集团宁夏煤业公司建设，驻地位于宁东煤化工基地。1959 年 10 月，石嘴山矿务局组建了宁夏第一支矿山应急救援队伍——石嘴山矿山救护大队，随后陆续组建了石炭井、白芨沟、汝箕沟、乌兰、灵州等矿山救护队。2003 年 2 月，石嘴山矿山救护大队、石炭井矿山救护大队、灵州矿山救护大队合并组建宁煤矿山救护总队，2018 年 1 月被国家安全生产应急救援指挥中心命名为国家矿山应急救援神华宁煤队，与国家危险化学品应急救援神华宁东队共同负责宁夏煤业公司各生产矿井及外协矿井、煤制油化工板块各单位的预防性安全检查、事故灾害救援及安全技术工作，承担宁夏回族自治区危险化学品生产、储存、运输等环节事故灾害应急救援任务。矿山救援神华宁煤队和危化救援神华宁东队两支国家专业队同属宁煤应急救援中心管理。宁煤应急救援中心现有指战员 400 余人，设 7 个职能科室、3 个矿山救护中队、3 个危化救援中队和 1 个特种装备队，配备有个人防护、侦检、破拆、堵漏、转输、钻孔、洗消、照明排烟、灭火、通信等矿山、危化专业救援装备(见图 4.65)。

图 4.65　国家矿山应急救援神华宁煤队

25. 神华新疆队

国家矿山应急救援神华新疆队依托神华集团新疆能源公司建设，驻地位于新疆维吾尔自治区乌鲁木齐市米东区益民街 584 号，前身是新疆矿业集团有限责任公司下属各矿兼职救护队，2007 年 3 月组建神新能源公司救护中队，2018 年 1 月被国家安全生产应急救援指挥中心命名为国家矿山应急救援神华新疆队，主要承担神新能源公司所属矿井矿山事故救援和新疆维吾尔自治区矿山事故救援任务。神华新疆队现有指战员 71 人，设战训科、装备信息科、综合科、培训科，以及 2 个中队、1 个装备维护小队；配备有运输与吊装、个人防护、侦测与搜寻、灭火与排放、钻进与支护、排水、培训与演练、应急通信指挥等 8 大类先进、大型的救援装备(见图 4.66)。

图 4.66 国家矿山应急救援神华新疆队在训练中

26. 武钢队

国家矿山应急救援武钢队驻地位于湖北省黄石市铁山区，前身为 2013 年 12 月成立的武钢资源集团有限公司矿山救护中队，2018 年 1 月被国家安全生产应急救援指挥中心命名为国家矿山应急救援武钢队，主要承担武钢资源集团有限公司所属矿山事故抢险救灾和安全技术服务任务，按照政府部门指令参加事故灾害抢险救援。武钢队设中队长 1 人、副中队长 2 人，工程技术人员 1 人，下辖 3 个小队；配备有运输与吊装、个体防护、检测与搜寻、消防、救生、排水、培训与演练、通信与指挥等类别的救援设备百余台(套)(见图 4.67)。

图 4.67 国家矿山应急救援武钢队野外训练中

27. 中煤大屯队

国家矿山应急救援中煤大屯队依托中煤集团大屯煤电公司建设,驻地位于江苏省沛县。始建于 1974 年 8 月,2001 年 3 月更名为大屯煤电(集团)有限责任公司救护消防大队,2002 年 12 月更名为上海大屯能源股份有限公司救护大队。2018 年 1 月被国家安全生产应急救援指挥中心命名为国家矿山应急救援中煤大屯队,主要承担以徐州为中心的淮海经济区、新疆苇子沟煤矿和 106 煤矿事故灾害救援和消防灭火任务。大屯队现有指战员 210 人(专职 127 人、兼职 83 人),其中消防指战员 32 人;设办公室、战训科、技术装备科、后勤科、防火科、直属中队和消防队;在姚桥煤矿、新疆 106 煤矿分别设驻矿中队,龙东煤矿、徐庄煤矿、孔庄煤矿分别设兼职救护队;成立了运输吊装、钻探和气体化验分队;配备有卫星通信指挥车、应急电源车、野外生活保障车、液态二氧化碳灭火装置、灾区智能排放系统、井下无线宽带救灾通信系统、雷达生命探测仪、气相色谱仪、井下快速支护等先进救援装备(见图 4.68)。

图 4.68 国家矿山应急救援中煤大屯队在队列训练中

28. 中煤新集队

国家矿山应急救援中煤新集队依托中煤新集公司建设,前身为始建于 1993 年的中煤新集公司救护大队,2012 年评定为"央企救援基地",2018 年 1 月被国家安全生产应急救援指挥中心命名为国家矿山应急救援中煤新集队,承担中煤新集公司矿区 1092 平方公里井田面积,5 对生产矿井安全预防性检查、板集电厂 2×100 万千瓦安全监控和应急救援任务,承担地方政府消防应急救援出警,以及周边地区重特大、复杂矿山事故应急救援任务。新集队现有指战员 211 人,配备有正压氧气呼吸器、救护车、指挥车、装备车、气体分析车、惰气灭火装置、高倍数泡沫灭火机、灾区电话、快速密闭、荷马特液压剪切扩张钳、生命探测仪、人体搜寻仪、热成像仪、多功能气体测定仪、救援轻便支架、起重气垫、救援指挥音频传输系统、便携式气体色谱仪等先进救援装备器材(见图 4.69)。

图 4.69　国家矿山应急救援中煤新集队在训练中

29.（中国有色）大冶队

国家矿山应急救援(中国有色)大冶队 2017 年 4 月依托大冶有色金属公司铜绿山矿建设，其前身为铜绿山矿消防救护中队，2018 年 1 月被国家安全生产应急救援指挥中心命名为国家矿山应急救援(中国有色)大冶队，驻地位于湖北省黄石市大冶市铜绿山，主要承担大冶有色金属公司所属企业矿山事故救援、安全生产隐患排查及鄂东南地区事故灾害救援任务。大冶队现有指战员 10 人，设队长 1 名、队员 9 名，配备有多功能集成式救援装备工具车、应急发电车、卫星通信指挥车、25 米举高喷射消防车、矿用潜水泵、井下轻型救灾钻机、井下快速成套支护装备等 115 台(套)应急救援装备，能够满足跨地区参与重特大复杂事故救援工作需要(见图 4.70)。

图 4.70　国家矿山应急救援(中国有色)大冶队在非煤矿山救援中

30.（中国有色）红透山队

国家矿山应急救援（中国有色）红透山队依托中国有色集团抚顺红透山矿业有限公司建设，驻地位于辽宁省抚顺市清原满族自治县红透山镇，前身为中国有色集团抚顺红透山矿业公司铜锌矿救护队，2018年1月被国家安全生产应急救援指挥中心命名为国家队矿山应急救援（中国有色）红透山队，主要承担红透山矿业公司井下及辽宁以东、吉林以西非煤矿山事故灾害应急救援，协助非煤矿山企业开展预防性安全检查工作。红透山队为中队建制，现有指战员37人，设战训科、综合办公室和3个救援小队、1个特种装备待机班组；配备有多功能集成式救援装备工具车、越野吊装车、移动式排水配电车、卫星通信指挥车等专业救援车辆13台，雷达生命探测仪、防爆探地雷达、井下轻型救灾钻机等专业救援设备32件（套）；拥有多名国家注册安全工程师、教授级工程师、采矿工程师等组成的救援专家团队（见图4.71）。

图4.71　国家矿山应急救援（中国有色）红透山队在训练中

31.（中国黄金）朝阳队

国家矿山应急救援（中国黄金）朝阳队于2018年组建，属政企联办型队伍，由辽宁省朝阳市人民政府和中国黄金集团有限公司辽宁二道沟黄金矿业有限责任公司共同建设，是环北京500公里半径的重要救援队伍之一，由朝阳矿山应急救援中心负责队伍日常运营管理。队伍主要服务辽宁省、河北省、内蒙古自治区邻近朝阳市区域所属中国黄金集团矿山企业和朝阳市辖区矿山企业。朝阳队驻地规划总用地面积为40.1亩，建筑面积1万余平方米，建有综合楼、装备仓库、体能训练馆、灾区模拟仿真训练馆等设施；现有指战员97人，设3个科室，下辖直属中队、驻二道沟钻探中队、驻保国铁矿排水中队等3个矿山救援中队；配备有救援车辆22台，以及侦测搜寻、支护破拆、通风机、快速密闭、脉冲灭火、有毒有害气体智能排放、钻探、排水、灭火、冲锋舟、抛物器等专业救援装备器材（见图4.72）。

图 4.72　国家矿山应急救援(中国黄金)朝阳队

32. (中国黄金)秦岭队

国家矿山应急救援(中国黄金)秦岭队依托中国黄金集团河南秦岭黄金矿业有限责任公司建设,驻地位于灵宝市故县镇。2014 年开始建设,2018 年 1 月被国家安全生产应急救援指挥中心命名为国家矿山应急救援(中国黄金)秦岭队,主要承担周边 250 公里范围内豫、陕、晋三省非煤矿山事故应急救援任务。秦岭队现有指战员 58 人,设战训装备科、综合办公室,下辖 3 个小队;配备有液压钻机、潜水泵、潜污泵、排水泵、风机、有毒有害气体排放设备、运兵车、救护车、通信指挥车、装备工具车、照明侦检车、宿营车、排水供电车、越野吊装车、工程救险车、氧气呼吸机、自动苏生器、荷马特、生命探测仪、多功能气体检测仪,以及可视电话、单兵装备、灾区电话等救援装备器材(见图 4.73)。

图 4.73　国家矿山应急救援(中国黄金)秦岭队在救援中

33. (中国黄金)延边队

国家矿山应急救援(中国黄金)延边队依托中国黄金集团公司海沟黄金矿业有限责任公司建设,驻地位于吉林省延边朝鲜族自治州安图县两江镇,始建于 2012 年 8 月。2018 年被国家安全生产应急救援中心命名为国家矿山应急救援(中国黄金)延边队,主要承担吉林省内非煤矿山应急救援工作。驻地建筑面积 1.5 万余平方米，包括办公、战备值班、安全信息、应急指挥等设施。队伍为中队建制，现有指战员 31 名，设战训科、技术装备科、后勤保障办公室，以及 3 支救援小队，1 支兼职抢险运输队(见图 4.74)。

图 4.74　国家矿山应急救援(中国黄金)延边队在工作中

34. (中国黄金)黔西南队

国家矿山应急救援(中国黄金)黔西南队前身是 2005 年 9 月组建的黔西南州矿山救护队，隶属于黔西南州煤炭局，2011 年 6 月 20 日，黔西南队整体划归黔西南州安全监管局(现黔西南州应急管理局)。2013 年 1 月 4 日，黔西南州安全监管局与中国黄金集团贵州金兴黄金矿业有限公司签订协议，依托中国黄金集团贵州金兴黄金矿业有限责任公司共建国家矿山应急救援(中国黄金)黔西南队，主要承担黔西南州矿山企业和中国黄金集团西南片区所属企业应急救援工作。黔西南队现有指战员 50 人，下辖 3 个小队，分别驻兴义、兴仁两个基地，队伍基础设施齐全，配备有排水、掘进、注氮、液压破拆支护、氧气呼吸机、自动苏生器、生命探测仪、风机等救援装备器材，以及救护、通信指挥、装备运输、生活保障、宿营、排水供电、越野吊装等救援车辆(见图 4.75)。

图 4.75　国家矿山应急救援(中国黄金)黔西南队

35. 大地特勘队

国家矿山应急救援大地特勘队依托中煤地质集团北京大地高科地质勘查公司建设，2012年9月由原国家安全监管总局正式批准成立，2018年1月被国家安全生产应急救援指挥中心命名为国家矿山应急救援大地特勘队，承担全国范围内矿山事故应急救援任务，2019年7月确定为跨国(境)事故应急救援常备力量。大地特勘队现有指战员85人，其中救援队指挥员4人、钻井队指挥员6人、战斗员51人、保障人员24人；配备有包括雪姆T200车载顶驱钻机、随钻定向测量仪等钻井设备，以及移动应急平台、卫星通信指挥车、越野起重车等抢险救援设备(见图4.76)。

图4.76 大地特勘队2015年参加山东平邑县石膏矿区"12·25"采空区重大坍塌事故救援

36. 安顺队

国家矿山应急救援安顺队依托贵州省安顺市矿山救护队建设，成立于1992年1月，隶属于安顺市应急管理局，2018年1月被国家安全生产应急救援指挥中心命名为国家矿山应急救援安顺队，主要承担全市矿山应急救援队伍建设、矿山事故、自然灾害等突发性事件应急处置任务。安顺队现有指战员88人，下辖三个中队(见图4.77)。

图 4.77　国家矿山应急救援安顺队在训练中

37. 新疆八钢队

国家矿山应急救援新疆八钢队驻地位于乌鲁木齐市达坂城区艾维尔沟，前身是煤炭部统配煤矿艾维尔沟煤矿救护队，始建于 1987 年。组建之初依托单位为新疆焦煤集团，2006 年成立中队，2011 年依托宝武集团新疆八钢公司成立新疆八钢队，2012 年成立大队，2018 年 1 月被国家安全生产应急救援中心命名为国家矿山应急救援新疆八钢队，主要承担公司矿井抢险救灾、周边非煤矿山事故救援、辖区内消防灭火、交通事故救援、防暴处突、抗洪抢险等应急救援任务，同时兼任达坂城区民兵分队和应急分队。新疆八钢队现有指战员 31 人，建有地上、地下模拟演习训练巷道、灾区仿真训练系统；配备有卫星通信、装备、救护、消防、宿营和发电等救援车辆，以及视频通信系统、支护、破拆、侦检、排水、灭火等先进救援装备器材(见图 4.78)。

图 4.78　国家矿山应急救援新疆八钢队在呼吸器日常检查中

38. 神华神东队

国家矿山应急救援神华神东队驻地位于内蒙古自治区鄂尔多斯市伊金霍洛旗乌兰木伦

镇，依托国家能源集团神东煤炭集团公司建设，队伍成立于 1997 年，2018 年 5 月被国家安全生产应急救援指挥中心命名为国家矿山应急救援神华神东队，主要承担神东煤炭集团矿山救护和地面消防任务，为陕西省北部、内蒙古中部、山西省北部煤矿提供紧急救援服务。神华神东队现有指战员 261 人，设 6 个机关科室、7 个救护消防中队；配备有各类救援车辆 49 台，以及矿山救护质量标准化要求的各类救援装备器材，建有井下演习巷道、高温浓烟训练馆、3D 灾害仿真模拟训练馆以及心理行为训练等设施。2021 年开工建设国内一流矿山救援基地，规划建设智能化、信息化救援装备库，演习训练设施等，基地占地 207 亩(见图 4.79)。

图 4.79　国家矿山应急救援神华神东队参加草原灭火

4.4　其他专职救援队

安全生产应急救援队伍中比较成熟的队伍有危险化学品、矿山、海上等救援队；已组建的有油气输送管道、隧道施工、水上、油气田井控、勘测等救援队；正在组建的有航空、城市燃气、地铁、金属冶炼、电力抢修、核生化等救援队；尚未组建的有铁路、公路、建筑施工、旅游等救援队。

截至 2021 年年底，全国现有海上应急救助队 19 支、隧道救援队 13 支、水上救援队 24 支、油气管道救援队 36 支、其他专业救援队(油气田、城市燃气、地铁、金属冶炼、电力抢修等)182 支。

截至 2021 年年底，全国建有国家油气管道应急专职救援队 6 支，国家隧道施工专职应急救援队 4 支，国家水上专职应急救援队 2 支，国家油气田井控专职应急救援队 2 支，国家安全生产医疗应急救援基地、国家危险化学品应急救援技术指导中心、国家安全生产应急救护(瑞金)体验中心，以及国家安全生产专职应急勘测队各 1 支。

4.4.1　海上专职应急救助队

海上搜救是指国家或者部门针对海上事故做出的搜寻、救援等工作。交通运输部救助打捞局是唯一一支国家海上专业救助打捞力量，承担着对中国水域发生的海上突发事件的应急反应、人命救助、船舶和财产救助、沉船沉物打捞、海上消防、清除溢油污染及其他为海上运输和海上资源开发提供安全保障等公益职责，简单概括为"三救一捞"(即人命救助、环境救助、财产救助，应急抢险打捞)，同时还代表中国政府履行有关国际公约和海运双边多边协定的义务。

1951 年 8 月 24 日，经当时的政务院批准，中国救捞的前身中国人民打捞公司在上海成立。70 多年来，中国救捞从一开始的 120 名职工、一艘 125 千瓦的小拖轮和几只小平驳，发展到现在拥有万余人的专业团队和世界一流的救捞装备。经过 70 年多的发展，中国救捞已初步建成了全方位覆盖、高海况运行、配置科学、反应迅速、处置高效的"三位一体"的海空立体救捞网络，救捞整体发展水平和综合能力位居世界前列。

救助打捞局下设北海救助局、东海救助局、南海救助局、烟台打捞局和上海打捞局。力量部署有效覆盖我国全部沿海水域、国际搜救责任区，在中国 1.8 万公里的海岸线上，北起鸭绿江，南至南沙群岛共设置了 24 个救助基地(见表 4.3)、88 个救助船舶值班待命点、8 个救助飞行基地、115 个临时起降点，并建立了 19 支应急救助队，实现了 365(天) × 24(小时)不间断地为人民生命财产安全保驾护航。

表 4.3　救助打捞局救助基地分布

序号	所属单位	名　称	所在区域	序号	所属单位	名　称	所在区域
1	北海救助局	烟台救助基地	山东省	13	东海救助局	温州救助基地	浙江省
2		大连救助基地	辽宁省	14		福州救助基地	福建省
3		秦皇岛救助基地	河北省	15		厦门救助基地	福建省
4		天津救助基地	天津市	16	南海救助局	汕头救助基地	广东省
5		蓬莱救助基地	山东省	17		深圳救助基地	广东省
6		荣成救助基地	山东省	18		广州救助基地	广东省
7		青岛救助基地	山东省	19		湛江救助基地	广东省
8	东海救助局	连云港救助基地	江苏省	20		北海救助基地	广西壮族自治区
9		上海救助基地	上海市	21		海口救助基地	海南省
10		舟山救助基地	浙江省	22		三亚救助基地	海南省
11		宁波救助基地	浙江省	23		西沙救助基地	海南省
12		洋口救助基地	福建省	24		南沙救助基地	海南省

据统计，截至 2021 年年底，全国共有海上专职搜救人员 1.5 万余人，主要包括从事救助、打捞、飞行工作的"三方面力量"，其队伍的核心是"四大员"，也就是船员、飞行员、潜水员、救生员。这支队伍专业技术人员占比 55%，本科及以上学历人员占比一半，职工平均年龄 36 岁。

中国救捞拥有各类救捞船舶达 209 艘、救助直升机 20 架。主力救助船功率达到 9000千瓦，抗风浪能力达到 12 级风 14 米浪高。最大的救助船"101"系列共三艘，满载排水量达 7000 吨，作为救助旗舰配置在 3 个海区。打捞工程船单船起重能力达到 5000 吨；整体打捞能力已达 50 000 吨；饱和潜水从无到有，实现了零的突破，并已具备 300 米水深作业能力，饱和潜水陆基实验深度已经达到 500 米；遥控无人潜水器作业深度达到 6000 米，一次溢油综合清除回收能力单船达到 3000 吨；北海第一救助飞行队、东海第一救助飞行队、东海第二救助飞行队、南海第一救助飞行队等 4 支救助飞行队先后取得了民航 CCAR145 部维修运行资质，具备 EC225、S-76C、S-76D 三种机型维护手册中规定的最高维护能力，其中东海第一救助飞行队还取得了民航 CCAR147 部维修培训机构资质；救助直升机飞行救助半径 110 海里，单次最大救助人数可达 20 人。飞行救助实现了复杂气象条件下的跨区域长距离救助和船载直升机联合救助。

2017～2021 年，全国各级海上搜救中心搜救行动次数、搜救遇险船舶、搜救遇险人员统计见表 4.4 和图 4.80。据统计，中国救捞自 1951 年创建到 2021 年 8 月底，共救助海上遇险人员 82 783 名，其中外籍遇险人员 12 703 人；救助遇险船舶 5424 艘，其中外籍遇险船舶 957 艘；打捞沉船 1827 艘，其中外籍沉船船舶 99 艘，以实际行动坚决守住海上安全最后一道防线，被沿海群众誉为"当代妈祖"，切实发挥了海上应急救援"国家队"和主力军的作用，是国家构筑的海上"德政工程"。

表 4.4　2017～2021 年全国各级海上搜救中心搜救行动次数、搜救遇险船舶、搜救遇险人员统计表

年　份	2017 年	2018 年	2019 年	2020 年	2021 年
搜救行动次数/次	1933	1899	1922	1758	1923
搜救遇险船舶/艘	1801	1578	1585	1110	1404
搜救遇险人员/人	14 999	13 123	14 440	10 834	13 197

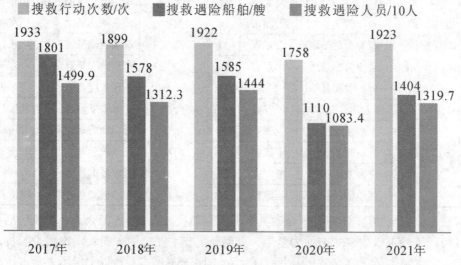

图 4.80　2017～2021 年中国海捞搜救行动次数、搜救遇险船舶、搜救遇险人员统计

同时，中国作为国际海事组织(International Maritime Organization)成员国，海上专职救援队积极参与了国际救援。2014 年"4·16"韩国世越号沉船事故造成 295 人遇难，9 人下

落不明。2017 年 4 月 11 日，韩国海洋水产部和中国交通运输部上海打捞局终于使"世越"号沉没 1091 天后，重见天日(见图 4.81)。

图 4.81　韩国世越号沉船现场照片

"十四五"期间，交通运输部交通运输事故救援将逐步纳入到专业性安全生产应急救援体系中。

1. 北海救助局

北海救助局总部设在山东省烟台市，组建于 2003 年 6 月，是交通运输部部署在我国北部海域的一支专业救助队伍，主要承担我国连云港以北 26 万平方公里海域及黑龙江干线等水域的人命救助；承担以人命救助为目的的船舶、航空器、水上设施及其他方面的环境救助和财产救助；承担国家指定的政治、军事、救灾等应急救助任务和救助相关的国防交通战备工作；承担国家指定的远洋深海应急救助任务，保障海上战略通道、战略物资运输安全；履行有关国际公约和双边多边海运协定等国际义务；负责海区专业救助力量的部署调配和救助行动的组织指挥，协调海区打捞力量参与救助抢险任务；负责区域应急救助联动工作；负责海区救助飞行管理，组织实施沿海空中巡航救助联动工作。北海救助局在山东蓬莱设立北海第一救助飞行队，在辽宁大连设立 1 个飞行基地；在烟台、大连、秦皇岛、天津、荣成、青岛、蓬莱建立了 7 个救助基地及南隍城救助站，常年在客滚航线区、事故高发区等重点水域设置动态待命点，确保就近、快速、科学施救(见图 4.82)。

图 4.82　北海救助局飞行队进行海上生死救助

2. 东海救助局

东海救助局总部设在上海杨浦区，组建于 2003 年 6 月 28 日。设后勤保障部、救助船队、应急反应救助队、连云港救助基地、上海救助基地、宁波救助基地、温州救助基地、福州救助基地、厦门救助基地、洋口救助基地等 10 个基层单位。下辖东海第一救助飞行队、第二救助飞行队，并有国际海上救助联盟(IMRF)亚太交流合作中心、中国航海学会救助打捞专业委员会和《中国救捞》编辑部 3 个挂靠机构。救助辖区北起江苏连云港，南至福建东山岛，辖区跨江苏、浙江、福建、上海三省一市，大陆海岸线长 7202 公里，占全国的 39.22%，岛屿海岸线 8532 公里，占全国的 60.94%。救助责任辖区点多、面广、线长，辖区内南北主航线过往船舶密集，事故多，气象、海况季节性特点明显，救助工作压力大、任务重，特别是长江口区、舟山水域和台湾海峡属于交通运输部水上安全重点保障区域(见图 4.83)。

图 4.83　东海救助局应急救助队进行生命接力救助

3. 南海救助局

南海救助局总部设在广东省广州市，组建于 2003 年 6 月 28 日，主要承担中国南海海域的国内外船舶、水上设施和遇险的国内外航空器及其他方面的水上人命救助；负责以人命救生为目的的海上消防；承担以人命救生为直接目的的船舶和水上设施及其他财产的救助；承担国家指定的特殊的政治、军事(战备)、救灾等抢险救助任务；履行有关国际公约和双边海运协定等国际义务。下辖南海第一救助飞行队、救助船队，救助保障中心和汕头、深圳、广州、湛江(下设阳江海上救助站)、北海、海口、三亚、南沙、西沙等 9 个救助基地。拥有各类救助船艇 33 艘，其中 14 000 千瓦救助拖轮 1 艘，12 000 千瓦救助拖轮 1 艘，9000 千瓦救助拖轮 7 艘，6000 千瓦救助拖轮 1 艘，双体穿浪快速救助船 4 艘，其他船艇 19 艘，分别部署在珠江口、琼州海峡、西沙等重点海域的动态待命点值守。在辖区水域部署救助直升机 EC225 两架，S-76D 三架，在珠海、三亚 2 个救助飞机值班站点值守，2022 年还将在三沙地区设立南海第二救助飞行队，以形成海空立体救助体系(见图 4.84)。

图 4.84 南海救助局拖带"瓦良格"号航空母舰回国

4. 烟台打捞局

烟台打捞局组建于 1974 年，主要承担中国北部海域船舶、航空器和海上设施财产救助打捞，沉船沉物打捞，公共水域和航道、港口清障，沉船存油和难船溢油应急清除等国家公益性职责，是中国北方最大的海上救捞和海洋工程公司。打捞局设 8 个处室和 10 个基层单位，基地驻地位于中国最大的陆连岛——烟台芝罘岛上，占地面积 74 万平方米，总资产 80 亿元，拥有各类船舶 40 艘，职工近 3000 人(见图 4.85)。

图 4.85 烟台打捞局成功打捞搁浅货船

121

5. 上海打捞局

上海打捞局(中国海洋工程有限公司上海公司)组建于 1951 年 8 月,是中国最大的抢险救助打捞专业单位之一,现有职工 1800 余名,其中各类专业技术人员 652 名;拥有各类拖轮和特种船舶 40 余艘,其中:1940~15 300 千瓦远洋和近海拖轮 14 艘及半潜驳等,主要承担国内外大件拖航驳运任务;4400~9400 千瓦的三用拖轮 16 艘,"华发"轮是国内唯一的一艘配备动力定位功能的三用工作船,主要为海洋石油开发提供船舶服务;工程类船舶 7 艘,大型浮吊船"大力号"拥有 2500 吨起重能力,主要为海上救助打捞、海洋工程和各类水下工程提供服务。上海打捞局承担着国家指派的公益性抢险打捞及财产救助责任,担负着北起连云港南至闽粤交界处辖区内的海上财产救助、沉船沉物打捞清障、沉船存油、难船溢油的应急清除及全国沿海地区所发生的突发事件抢险救难任务(见图 4.86)。

图 4.86   上海打捞局潜水队在"重庆公交车坠江"事故中打捞车身

4.4.2 国家级油气输送管道专职救援队

在油气输送管道应急救援基地方面,依托现有中央企业救援队伍,按照建设覆盖我国四大能源通道,适应各种地形地貌和严苛自然环境条件,兼顾陆上、海上油气管道救援的原则,我国已完成了国家级油气管道应急救援基地布局。

预计国家基地建成后,携带重型装备 24 小时、轻型装备 12 小时可到达国内事故现场参加救援及抢维运,救援半径为 1200 公里以内。先期建设条件较为成熟的有中石油廊坊基地、中石化徐州基地、中海油珠海基地,这些基地建成后将对保障国家能源安全、保障人民群众生产生活需要发挥重要作用。

截至 2021 年年底,全国现有油气输送管道专职救援队 36 支,其中国家级油气管道应急专职救援队 6 支、指战员 910 人。

1. 昆明队

国家油气管道应急救援昆明队依托中国石油西南管道公司建设,驻地位于云南省昆明市经开区，是集大型管道抢修、溢油回收、开孔封堵、站场改造、管道改线、动火连头、抢修队伍培训与技术研发为一体的专业救援队伍。2013 年 4 月在昆明组建，2018 年 1 月被国家安全生产应急救援指挥中心命名为国家油气管道应急救援昆明队，是西南地区唯一一家专业油气管道应急抢修国家队。2020 年 9 月转隶国家管网集团，依托单位变更为昆明应急救援中心。昆明队现有指战员 192 人，设 7 个机关科室、4 个基层单位，主要承担陕、甘、宁、滇、黔、桂、川、渝 8 省市区域内国家管网干线 10 000 多公里油气管道应急抢险任务。为适应西南地区山高谷深、地灾频发、河流纵横的特殊环境，配备了 Φ50～Φ813 开孔封堵、断管焊接、发电照明、溢油回收等抢险救援装备 1400 余台(套)，以及性能优良装备齐全的抢险工程车和通信、吊装、运输等特种作业车辆 45 台(见图 4.87)。

图 4.87　国家油气管道应急救援昆明队

2. 廊坊队

国家油气管道应急救援廊坊队依托中国石油管道局工程有限公司建设，驻地位于河北省廊坊市经济技术开发区。队伍始建于 1992 年，是中国最早成立的油气管道维抢修公司。2011 年被中国石油天然气集团有限公司命名为中国石油管道应急救援响应中心。2016 年被原国家安全监管总局命名为国家油气管道应急救援(华北)基地，成为国内首批挂牌的应急救援基地。2018 年 1 月被国家安全生产应急救援指挥中心命名为国家油气管道应急救援廊坊队，2019 年 7 月明确为跨国(境)生产安全事故应急救援常备力量。廊坊队现有指战员 595 名，设应急救援管理办公室、工程技术部、经营管理部等 18 个管理部门，下辖国内 2 个大队 12 个中队，国际设有非洲、中东 2 个分中心。队伍常备应急装备 3100 余台(套)，救援能力覆盖 1422 毫米以下、12 兆帕以内的各类介质的油气管道，包括因自然灾害、第三方破坏、施工缺陷、管道运行问题和管道本体缺陷造等造成的管道破裂、泄漏、卡堵等油气管道事故，为 28 个省、直辖市 100 余家油气管道企业，总里程 6 万余公里的油气管道提供应急产品设计制造、体检保驾、抢险维修服务(见图 4.88)。

图 4.88　国家油气管道应急救援廊坊队

廊坊队是国内油气管道抢险领域纪录的创造者，项目包括国内首次最高钢级最大口径最大压力管道封堵、国内首次深海开孔、国内首次海底管道改造……，每年平均完成 140 余次管道迁改、缺陷修复、抢险抢修、储罐维修等任务。30 多年来，研发出高压力、小口径、超低温等多个特殊领域新型装备和技战术。

3. 沈阳队

国家油气管道应急救援沈阳队依托东北石油管道有限公司建设，驻地位于辽宁省铁岭市银州区，2018 年 1 月被国家安全生产应急救援指挥中心命名为国家油气管道应急救援沈阳队。主要承担黑龙江、吉林、辽宁、内蒙古区域油气管道应急抢险任务。沈阳队现有指战员 345 人，设抢险工程、维检修工程、抢险保驾等 7 个基层站队，配备有管道切割、管道开孔封堵、管道清洗、注氮吹扫、焊接、照明发电、无人机、应急救援车等各类救援装备 709 台(套)。具有石油化工工程施工总承包二级、长输压力管道带压封堵甲级、工业清洗 A 级等资质，能独立完成 Φ100～Φ1422 口径油气管道带压开孔及 Φ114～Φ1016 口径油气管道不停输带压封堵动火施工，具备 10 000 公里油气管道应急抢险保驾能力，可进行每小时 20 000 立方米液氮转换量的氮气吹扫，同时具备每年 300 万立方米储罐机械清洗和 100 万立方米储罐大修能力(见图 4.89)。

图 4.89　国家油气管道应急救援沈阳队在救援中

4. 乌鲁木齐队

国家油气管道应急救援乌鲁木齐队依托国家管网西部公司建设，2018 年 11 月组建，2019 年 3 月成立西部管道公司乌鲁木齐应急抢险中心，与国家油气管道应急救援乌鲁木齐队是一个机构两块牌子。主要承担新疆地区长输油气管道应急抢维修任务。乌鲁木齐队编制 106 人，现有指战员 73 人，设综合办公室、计划财务科、设备管理科、质量安全环保科、抢修技术科(抢修技术研究所)5 个科室，下辖抢修队、封堵队和维修队。配备有各种规格型号电焊机、切管、对口、封堵类夹具、发电机、空压机、风机、移动照明、蒸汽清洗机等抢修设备 530 台(套)，各类抢险车辆 38 台，以及大型车辆快速越障桥、边坡合成孔径雷达、无损开挖设备、高压水射流设备、移动制氮设备、事故现场探测机器人等高精尖应急救援装备(见图 4.90)。

图 4.90　国家油气管道应急救援乌鲁木齐队

5. 徐州队

国家油气管道应急救援徐州队与国家管网集团东部原油储运有限公司抢险维修中心是一个机构两块牌子，驻地位于江苏省徐州市泉山区翟山新村。抢维修中心成立于 2000 年 9 月称"华东管道工程有限公司"，2012 年 8 月更名为"中国石油化工股份有限公司管道储运分公司抢维修中心"，2016 年 9 月原国家安全监管总局批复依托中国石化管道储运有限公司抢维修中心建设国家油气管道应急救援华东(徐州)基地，2018 年 1 月被国家安全生产应急救援指挥中心命名为国家油气管道应急救援徐州队。主要承担华东区域内重特大、复杂油气管道抢险的社会应急救援任务，同时负责东部储运公司遍布 14 个省市 34 条 7800 余公里输油管道维抢修任务，实现油气储运设施运行维保业务全覆盖。徐州队设应急抢险队、应急特种机械作业队、应急运输队、SCADA 系统维护中心、消防自控维保中心、机泵阀维护中心、电气技术作业队、油气管道抢维修技术研究所等 9 个基层站队，现有指战员 200 余人。配备有现场侦检、应急抢修、通风照明、动力发电、应急指挥、不停输封堵、断管焊接、无损开挖、后勤运输保障等 9 大类装备 500 余台(套)(见图 4.91)。

图 4.91　国家油气管道应急救援徐州队在管道抢修中

6. 深圳队

国家油气管道应急救援深圳队依托中国海油深圳海油工程水下技术有限公司建设，驻地位于广东省深圳市南山区后海滨路 3168 号海油大厦，2018 年 1 月被国家安全生产应急救援指挥中心命名为国家油气管道应急救援深圳队，是国内唯一一支以海底油气管道为救援对象的专业维抢修机构，主要承担中国南海、东海海域油气田海底管道应急维抢修任务，覆盖水深至 2000 米。深圳队设指挥联络部、应急技术装备部和应急作业部 3 个部(室)，现有指战员 22 人，在中国海油内部建立了 41 名技术专家组成的后备技术力量，为海底油气管道应急救援提供强有力的技术支持。配备有 1 套应急指挥系统、5 艘深水多功能作业船舶、17 套各型号水下机器人(ROV)设备、1 套 300 米饱和潜水系统、1 套 2000 米海底管道维修系统等，为海底油气管道应急救援提供了强有力的装备保障(见图 4.92)。

图 4.92　国家油气管道应急救援深圳队管道救援中

4.4.3 国家级隧道专职救援队

"十三五"期间，依托中国中铁股份有限公司、中国交通建设集团等单位，隧道施工应急救援骨干队伍基本建成，救援力量明显提升、救援技术不断进步、救援方法日趋成熟，救援成效显著。特别是在 2017 年，国家隧道应急救援中铁二局昆明队主动融入和服务"一带一路"倡议，受中国铁路总公司、老中铁路有限公司委托，在老挝琅勃拉邦组建"老中铁路隧道应急救援站"(属昆明队下属分队)，负责老中铁路隧道坍方应急救援知识培训、演练及隧道突发灾害事故应急救援工作。老中铁路隧道应急救援站的组建标志着中国隧道应急救援技术、装备的不断完善和成熟，标志着铁路建设领域中国标准的配套服务保障体系也成为走出国门的一张新名片。

截至 2021 年年底，全国现有隧道施工专职救援队 13 支，其中国家隧道施工专职救援队 4 支、指战员 168 人。

2017 年 9 月云南玉磨铁路曼么隧道坍塌事故中，中国隧道救援队历时 51 小时采用 120 水平钻机技术成功救出 9 名被困工人、零死亡(见图 4.93)。

图 4.93 中国隧道救援队在云南玉磨铁路曼么隧道坍塌事故救援中

1. 中铁二局昆明队

国家隧道应急救援中铁二局昆明队依托中国中铁二局建设，驻地位于昆明市呈贡区杜家营高速收费站附近，2010 年原铁道部委托中铁二局在云南省昆明市组建中铁二局隧道专业抢险救援队，2011 年扩编成立中铁二局昆明应急救援队，成为全国首批组建的国家级隧道专业应急救援队伍，2018 年 1 月被国家安全生产应急救援指挥中心命名为国家隧道应急救援中铁二局昆明队。主要承担西南地区隧道建设、城市轨道交通建设、引水工程建设、隧道突泥涌水等事故灾害和建筑物垮塌、山体滑坡、城市防洪排涝等灾害救援任务。昆明队现有指挥战员 71 人，设作战训练部、技术装备部、财务会计部、政治工作部、办公室、调度中心等 6 个部门和信息监控量测、综合搜救、导坑救援、钻机救援、后勤保障等 5 个中队。配备有信息通信、侦检量测搜救、救援钻机等 7 大类应急救援装备器材 54 台(套)(见图 4.94)。

图 4.94　国家隧道应急救援中铁二局昆明队在隧道救援中

2. 中国交建重庆队

国家隧道应急救援中国交建重庆队驻地位于重庆市永川区，前身为 2015 年 12 月组建的中国交建(重庆)隧道抢险救援队，2018 年获国家财政专项资金支持，升级为国家级安全生产专业应急救援队伍，主要承担中国交建企业内部和西南地区隧道事故救援任务。重庆队现有指战员 61 人，配备有大口径水平钻机、生命探测仪、高原医疗救护车、大流量排水车等 7 大类 135 台(套)救援装备，建设了隧道足尺模型及应对地震、城市内涝等事故灾害的模拟训练设施，是集常态化备勤、实战化训练及标准化培训多种能力于一体的综合性基地(见图 4.95)。

图 4.95　国家隧道应急救援中国交建重庆队实施水平钻机救援

3. 中铁五局贵阳队

国家隧道应急救援中铁五局贵阳队依托中铁五局建设，驻地位于贵州省黔南布依族苗族自治州龙里县谷脚镇，成立于 2010 年 9 月，2013 年底被纳入国家隧道应急救援队伍序列，2018 年 1 月被国家安全生产应急救援指挥中心命名为国家隧道应急救援中铁五局贵阳队。主要承担西南片区隧道生产安全事故救援任务，以及四川省甘孜地区和云南省大理地区重特大地震救援任务。贵阳队现有指战员 60 人，其中队长、常务副队长、副队长、专职党工委书记、总工程师各 1 人，设 5 个部门、4 个中队。配备有包括卫星通信设备、大型救援钻机、破拆支护类设备及探测类设备等各类救援装备(见图 4.96)。

图 4.96　国家隧道应急救援中铁五局贵阳队在紧急抢修中

4. 中铁十七局太原队

国家隧道应急救援中铁十七局太原队依托中铁十七局建设，驻地位于山西省晋中市榆次区修文工业园区修美街，2010 年组建，属于铁道部依托中央企业建立的首批隧道救援专业队伍。2013 年更名为国家应急救援中国铁建十七局太原队(中国铁路总公司隧道抢险救援十七局太原队)，2018 年 1 月被国家安全生产应急救援指挥中心命名为国家隧道应急救援中铁十七局太原队。主要承担隧道建设、城市轨道交通建设等事故灾害和重特大地震、防洪排涝等灾害救援任务。太原队现有指战员 36 人，其中队长(书记)、常务副队长、副书记、副队长、总工程师、安全总监各 1 名，设作战训练部、装备物资部、财务会计部、经营生产部、综合管理部等 5 个部门。作战训练部下辖信息探测、钻机救援、导坑救援、顶管救援、后勤保障等 5 个分队，配备有救援钻机、信息通信、破拆支护、抢险排水等共 9 大类72 台(套)救援装备(见图 4.97)。

图 4.97 国家隧道应急救援中铁十七局太原队

4.4.4 国家级水上专职救援队

在国家应急体系建设的指导下，国家建设了水上应急预案体系和水上应急救援体系。截至 2021 年年底，全国现有水上专职救援队 24 支，其中国家水上专职应急救援队 2 支、指战员 100 人。

2015 年"6·1"长江东方之星翻沉打捞中，水上专职救援队有优异表现(见图 4.98)。

图 4.98 2015 年"6·1"长江东方之星翻沉打捞现场照片

1. 重庆长航队

国家水上应急救援重庆长航队依托重庆长航救助打捞工程有限公司建设，隶属于招商局集团重庆长江轮船有限公司，是中国航海学会救助打捞专业委员会委员单位、中国潜水打捞行业协会会员单位、重庆市搜救中心成员单位，持有内河二级打捞资质、潜水作业四级资质和潜水作业安全资质，获得了中国船级社服务供方认可证书和 GB/T19001—2016/ISO 9001：2015 质量管理体系认证证书。2018 年 1 月被国家安全生产应急救援中心命名为国家水上应急救援重庆长航队。主要承担长江上游、西南地区水域的 120 米以上搁浅船救助、船舶遇险救助、水下沉船沉物人员搜寻打捞、应急抢险吊装、大型船舶拖带、溢油应急处置等任务。重庆长航队设有太平门基地、双溪沟基地、鸡冠石基地、郭家沱基地、果园基地等 5 处基地码头，拥有船体、船机、船电、救捞、潜水、起重、浮吊及水下电焊、电氧切割等专业工程技术人员 52 人；配备有拖轮、浮吊船、抬驳船等总起浮力达 3000 吨的多艘救援船只，以及艇载式卫星通信系统、机动式水下观察探测车载系统、水下施工机具、水下彩色电视机、彩色图像声呐、混合气装置系统、4～8 人移动式减压舱、溢油回收装置等专业救援装备器材。重庆长航队先后完成了历史文物"中山舰"、6000 吨级海轮"天源"号、川江大型客轮"江渝 1"号、"涪州 10"号客轮、特大滚装船和记 609、重庆石柱"9·25"和云南昭通"8·4"特大交通事故客车打捞，"綦江彩虹桥"垮塌、广东九江大桥撞桥事故、丰都长江二桥垮塌、"东方之星"翻沉、巫山大滑坡、四川广元沉船、万州"10·28"公交车坠江等事故灾害救助，二滩电站、小浪底电站、昭通渔洞电站、涪陵白鹤梁博物馆、鸡冠石污水处理厂、唐家桥污水处理厂和"东方Ⅱ"海底管道铺设等水下大深度检查清障任务，以及协助司法部门搜集罪证物证、参与国家卫星发射回收打捞等特殊任务，取得了良好的社会效益，受到有关部门高度赞誉(见图 4.99)。

图 4.99 国家水上应急救援重庆长航队在救援中

2. 南京油运队

国家水上应急救援南京油运队依托南京长江油运有限公司建设，驻地位于南京市中山北路 324 号，应急救援船舶日常停靠在南京市龙潭船舶基地。2012 年，南京长江油运有限公司筹划申请建立南京油运公司水上搜救队，2015 年 12 月建成运行，2018 年 1 月被国家安全生产应急救援指挥中心命名为国家水上应急救援南京油运队。服务于长江南京港区，应急救援有效覆盖长江上至芜湖、下至江阴沿江 300 公里水域，主要承担水上船舶火灾、船只搁浅触礁、水上污油回收等水上交通和污染事故应急救援任务。南京油运队日常办事机构设在南京长江油运公司安全监管部，设 1 个应急值班室、2 个救援分队(水上清污应急救援分队、水上消拖应急救援分队)、3 个应急小组(安全与战训组、装备与通信保障组、运维资金保障与考核组)。现有指战员 29 人，其中专职作战队员 20 人(从事船舶驾驶和轮机的专业高级技术人员)，兼职值班、管理人员 9 人。主要装备有全回转消拖两用船 1 艘、溢油回收船 1 艘，以及其他通信指挥装备(见图 4.100)。

图 4.100　国家水上应急救援南京油运队参加水上救援行动

4.4.5　航空专职救援队

据统计，事故灾难发生时，第一时间内现场死亡的人数是最多的。从事故灾难受伤后人员的死亡率数据分析看，伤后即刻死亡的占 40%、伤后 5 分钟死亡的占 25%、伤后 5 分钟至 30 分钟死亡的占 15%、伤后 30 分钟以上死亡的占 20%。而从各类自然灾害的统计中又发现，创伤病员"第一死亡高峰"在 1 小时之内，此时，死亡的数量占创伤死亡的 50%，"第二死亡高峰"出现在伤后 2 小时至 4 小时之间，死亡数占创伤死亡的 30%。对于应急救援来说，时间越早实施救助对伤者的损伤越小，很多非突发事故死亡人数大约有近 20%是由于时间延误得不到及时施救、有效医治造成的。

132

航空应急救援能够打破空间限制，快速到达事故地域实施空中勘察、搜索救援、物资输送、空中指挥、通信支持等工作，可最大限度降低各类事故死亡人数，减少事故损失，有效保障人民生命财产安全。

目前我国除军队和警用航空力量外，仅有交通运输部救助打捞局的救助飞行队和森林消防局的直升机支队为专司救援的航空队(见表 4.5)。我国航空救援仍处于起步发展阶段，体系不健全，存在覆盖面积小、配套设施缺乏、指挥管理运行机制不完善等问题，特别是没有全国性的统一救援调度中心，影响救援效率。

表 4.5　我国现有航空应急救援力量

序号	名称	驻地	备注	救援力量
1	北海第一救助飞行队	山东烟台市蓬莱区	隶属救助打捞局北海救助局	150 多名职工，22 名飞行员，5 架救助飞机
2	东海第一救助飞行队	上海市浦东区	隶属救助打捞局东海救助局	104 名职工，10 名飞行员，2 架 S76C/D 型海上救助直升机
3	东海第二救助飞行队	福建省厦门市	隶属救助打捞局东海救助局	100 多名职工，10 名飞行员，美国西科斯基飞机公司 S76C+型救助直升机、法国宇航公司 SA365N 型救助直升机各 1 架
4	南海第一救助飞行队	广东省珠海市	隶属救助打捞局南海救助局	128 名职工，34 名飞行人员，5 架救助直升机
5	南海第二救助飞行队	海南省三沙市	隶属救助打捞局南海救助局	不详
6	大庆航空救援支队	黑龙江省大庆市	隶属森林消防局	直 8-A 灭火直升机
7	昆明航空救援支队	云南省昆明市	隶属森林消防局	直 8-A 灭火直升机

为满足新时代国家应急救援需求，在"十四五"期间，我国要建立航空应急救援体系，还要进一步整合除军队外的国家航空力量，组建面向多种灾害和多种行业的专业化的航空应急救援国家队，建立适合我国国情的航空应急专业化力量体系，统一规划全国范围内保障设施及救援点分布，构建与之相匹配的低空空域开放及使用管理机制。加快构建大型固定翼灭火飞机、灭火直升机与无人机高低搭配、布局合理、功能互补的应急救援航空器体系。推动航空应急救援力量常态化部署，完善重型直升机、中小型直升机布局。引导和鼓励大型民航企业、航空货运企业建设一定规模的专业航空应急队伍，购置大型、重型航空飞行器，提高快速运输、综合救援、高原救援等航空应急能力。采取直接投资、购买服务等多种方式，完善航空应急场站布局，加强常态化航空力量部署，增加森林航空消防飞机(直升机)机源和数量，实现森林草原防灭火重点区域基本覆盖。完善航空应急救援空域保障机制和航空器跨区域救援协调机制。支持航空应急救援配套专业建设，加强航空应急救援专业人才培养。

在航空应急救援队伍建设方面，"十四五"期间，将提升航空综合救援能力，建设具备高原救援、重载吊装、远程侦察等能力的航空应急救援和航油航材应急保障力量。完善应急救援航空调度信息系统。建设航空应急科研基地。完善一批运输、通用机场，配备航空消防、气象保障、航油储备、夜间助航、检修维修等保障设施设备。新建应急救援飞行器维修维护基地，以及集航空应急救援训练、培训、演练、保障、服务等功能于一体的综合航空应急服务基地。完善森林航空护林场站布局，改造现有航空护林场站，新建一批全功能航站和护林机场；在森林火灾重点区域，合理布设野外停机坪和直升机临时起降场、灭火取水点和野外加油站。

1. 北海第一救助飞行队

北海第一救助飞行队驻地位于山东省烟台市蓬莱区，是我国北部海域一支承担海上人命财产救助及海洋环境救助的专业海上直升机救援队伍。主要承担黄渤海海区范围内海上船舶、航空器、固定设施等人员搜救救助、人命救生、伤员救助任务，配合海上救助船舶实施海上救助、消防和防污染工作，代表国家履行国际海上安全义务。2003 年 11 月组建，2006 年 1 月正式成立，现有指战员 150 多人，配备有 2 架 S76C+中型海上救助直升机、2 架 EC225LP 大型救助直升机和 1 架 Y12 固定翼飞机(见图 4.101)。

图 4.101   S-76C+中型海上救助直升机和 EC225LP 大型救助直升机

2. 东海第一救助飞行队

东海第一救助飞行队驻地位于上海市浦东新区，2001 年 3 月组建，主要承担我国东海海区范围内的海上遇险(难)船舶、航空器、固定设施等的人员搜寻、救助和人命救生，承担海上船舶固定设施的伤病人员救助，配合海上救助船舶实施海上救助、消防和防污染工作，应地方政府请求执行其他海上和陆地救援工作。现有指战员 104 名，飞行员 10 名(见图 4.102)。

图 4.102   东海第一救助飞行队东海救援中

3. 东海第二救助飞行队

东海第二救助飞行队驻地位于福建省厦门市，主要承担我国台湾海峡及福建沿海范围内的海上遇险(难)船舶、航空器、固定设施等的人员搜寻救助和人命救生，承担海上船舶、固定设施的伤病人员救助，配合海上救助船舶实施海上救助、消防和防污染工作，应地方政府请求执行其他海上和陆地救援工作。现有指战员 100 多人，飞行员 10 名，配备有美国西科斯基飞机公司 S76C+中型救助直升机、法国宇航公司 SA365N 型救助直升机各 1 架(见图 4.103)。

图 4.103　东海第二救助飞行队直升机机库

4. 南海第一救助飞行队

南海第一救助飞行队 2004 年 8 月在广东省湛江市组建，2007 年队部搬迁至珠海市，珠海飞行基地占地面积 1 万平方米，建有综合业务用房、直升机库综合用房和安检通道，建筑面积 8070 平方米，建设有直升机停机坪、道路、消防、给排水、供电、通风、绿化和安防等配套设施，购置机库及机务维修、航管、通信、气象和专用车辆等所需设备设施。南海第一救助飞行队主要承担南海海域海上遇险人员、船舶等的搜救和海洋环境巡查等任务。目前，拥有珠海、三亚 2 个飞行基地，配备有 5 架救助直升机，现有指战员 128 人，飞行员 34 人。救助飞行范围可覆盖 110 海里(见图 4.104)。

图 4.104　南海第一救助飞行队机务人员在维修飞机

5. 南海第二救助飞行队

南海第二救助飞行队和三沙永暑、渚碧、美济海事处及南沙海上搜救中心已于 2022 年进驻了南沙岛礁，主要承担南沙海域海上应急救助任务，履行南沙海域海上交通安全监管和防治船舶污染等任务，为船舶航行安全和沿岸各国人民海上正常生产活动提供有力保障。并且可以监控外部军事力量在南海的活动，让中国更好地为国际社会提供公共产品，有助于中方积极履行国际责任和义务(见图 4.105)。

图 4.105　2022 年 7 月南海第二救助飞行队进驻南沙岛礁

4.4.6　其他专职救援队

截至 2021 年底，全国现有其他专业救援队(油气田、城市燃气、地铁、金属冶炼、电力抢修等)182 支，其中国家油气田井控专职应急救援队 2 支、137 人；国家安全生产医疗应急救援基地、国家危险化学品应急救援技术指导中心、国家安全生产应急救护(瑞金)体验中心，以及国家安全生产专职应急勘测队各 1 支、共 1072 人，航空专业救援队正在积极组建中。

1. 国家油气田井控应急救援川庆队

国家油气田井控应急救援川庆队依托中国石油川庆钻探工程公司建设，驻地位于四川省广汉市，队伍始建于 1994 年，是在赴科威特"中国灭火队"基础上成立的国内第一支油气井抢险灭火专业化队伍，2018 年 1 月被国家安全生产应急救援指挥中心命名为国家油气田井控应急救援川庆队。主要承担油气井井喷抢险救援准备，参加国内外油气井井喷失控抢险救援，负责井喷抢险救援技术研究和装备研发，井控技术标准的制修订，井控、抢险救援技术培训及咨询指导等。川庆队现有指战员 45 人，在中石油内部建立了由 40 余名高级技术专家组成的专家网络，为抢险救援提供了强有力技术支持。配备有切割清障、冷却掩护、井口重建、应急通信、安全防护等 172 类 730 余台(套)抢险救援仪器与装备。建有 6000 平方米的训练场及 3800 平方米的实验车间，配备有井喷失控着火的井口装置、训练用井场设施等，既满足日常抢险技能培训及模拟抢险现场情况的实战演练需要，也为抢险救援技术研发、试验和装备维护提供了良好条件。建队 29 年以来，按照"国内第一，国际一流"发展定位，坚持"需为先，实为上，练为战"，守初心、担使命，认真履行职责，技术水平和救援实力达到了行业之首。在国内 16 个油气区以及土库曼斯坦、缅甸等 6 个国家成功完成了 51 次井喷失控、着火事故的救援，处理了 100 余次井口泄漏、非常规压井等井控事故，创造了多项世界油气井应急救援史上的新纪录，被誉为"油气田安全卫士"(见图 4.106)。

图 4.106 国家油气田井控应急救援川庆队在训练中

2. 国家海上油气应急救援渤海(天津)队

国家海上油气应急救援渤海(天津)队依托中国海油井控中心建设，驻地位于天津市滨海新区渤海石油港区，是以浅水井控应急救援为主的综合性队伍，主要承担渤海、东海和黄海海域井喷事故应急抢险，保障油气勘探开发井控安全的重要使命。为应对海洋油气开发井控风险，中国海油于 2014 年 2 月成立了中国海油井控中心，开始建设我国唯一的海上井喷事故救援力量，2018 年 4 月中国海油向应急管理部申请依托井控中心建设国家海上井控应急救援力量，12 月获批"国家海上油气应急救援渤海(天津)队"，2020 年队伍重新选址建设，并于当年落成。具备井控应急抢险、井控技术支持、井控培训及井控巡检等能力。渤海(天津)队现有指战员 92 人，设应急救援、井控技术、井控培训、井控装备和井控巡检等 5 个部门(办公室)，指战员中本科及以上学历人员占 92%，具有 10 年以上油田现场作业经验人员占 71%。拥有一支 18 人的专职应急救援队，以及由 4 名行业专家和 7 名资深工程师组成的专家团队。配备有消防冷却、安全防护、侦测监控、井控抢险、抢险辅助、通信指挥、实训演练、辅助决策共 8 大类 757 套应急装备，形成了功能完备、配套完善的浅水井控应急救援装备体系(见图 4.107)。

图 4.107 国家海上油气应急救援渤海(天津)队在训练中

3. 国家安全生产应急救援勘测队

国家安全生产应急救援勘测队依托中国安全生产科学研究院边坡雷达研发团队建设，2018 年被国家安全生产应急救援中心命名为国家安全生产应急救援勘测队。主要职责是参与滑坡、坍塌类事故应急救援勘测，预警二次滑坡隐患，保障救援人员安全，为现场指挥提供实时数据支撑。应急救援勘测队驻地位于北京市朝阳区，服务区域为全国。队伍建制为独立中队，现有指战员 36 人，设 3 个分队。装备有便携式边坡雷达 9 套、拖车式边坡雷达 2 套、三维激光扫描仪 1 套、无人机激光雷达扫描系统 1 套、卫星电话 2 部、发电机 4台、无人机 2 架(见图 4.108)。

图 4.108　国家安全生产应急救援勘测队在贵州晴隆滑坡救援现场

4. 国家安全生产医疗应急救援基地(应急总医院)

国家安全生产医疗应急救援基地(应急总医院)依托应急总医院建设，驻地位于北京市朝阳区。应急总医院前身为煤炭总医院，是应急管理部直属事业单位、北京市首批医疗保险定点医院、北京市涉外医疗医院、中国协和医科大学教学医院和亚洲国际紧急救援中心国际救援定点合作医院。2021 年 10 月，应急管理部会同国家卫健委依托应急总医院组建国家应急医学研究中心，建立起集医疗、教学、科研、救援、成果转化于一体的应急医学学科体系、应急医学资源与救援力量网络体系。应急总医院目前设有尘肺病(肺移植)中心、烧伤整形中心、创伤外科中心等 9 个诊疗中心，主要承担应急医学救援、国际医疗救援、医学研究和医疗救援人才培养等任务，开展急诊急救、康复医疗、基本医疗服务等工作。应急总医院对标国际标准，按照"专常兼备、反应灵敏、作风过硬、本领高强"原则，组建了一支由急救急诊、重症、创伤、防化、中毒等专科临床骨干组成的医疗救援队，并建立医学救援后备队随时待命(见图 4.109)。

图 4.109　应急总医院 2021 年 7 月赴河南执行防汛救灾任务

5. 国家危险化学品应急救援技术指导中心

国家危险化学品应急救援技术指导中心是依托化学品登记中心于 2010 年成立的国家级安全生产应急救援队伍，是我国危险化学品基础数据和应急资源查询的专业化机构。主要承担为化学事故应急救援提供基础信息和事故处置技术支撑的重要任务。危化救援技术指导中心现有 50 余人的应急人员和专家队伍，其中具有博士、硕士研究生学位的人员占60%，涉及化学品安全、化学品毒理、环境检测、中毒急救、事故模拟与分析、环境工程、安全工程、软件工程等专业，形成了聚集应急准备、应急响应、应急救援三大方向的专业应急技术支撑和科研队伍。配备有应急现场检测和防护装备、远程通信系统、移动应急平台、化学事故现场实时数据采集系统、化学事故应急接处警系统、化学事故应急救援辅助

139

决策平台等先进装备系统。危化救援技术指导中心先后参与编制了《危险化学品单位应急救援物资配备要求》《危险化学品事故应急救援指挥导则》等 20 余项国家和行业标准，按照国际化学事故应急响应模式和要求，设有国家化学事故应急响应专线(0532-83889090)，面向全国提供 7×24 小时应急咨询服务，可为事故现场提供化学品理化特性、毒性和环境危害、泄漏处置、火灾扑救、中毒急救与治疗、个体防护等信息(见图 4.110)。

图 4.110　国家危险化学品应急救援技术指导中心的数据中心

6. 国家安全生产应急救护(瑞金)体验中心

国家安全生产应急救护(瑞金)体验中心依托北京维科尔安全技术咨询有限责任公司运维，驻地位于江西省瑞金市瑞鼎公馆北侧(兴华路东)。2021 年 6 月 16 日中心试运营，2018 年 1 月被国家安全生产应急救援中心命名为国家安全生产应急救护(瑞金)体验中心，建设项目于 2019 年启动实施，2020 年 6 月 18 日主体框架顺利封顶。主要职能是集安全生产史料展示，进行爱国主义、公共安全宣传教育，传授应急救援救护知识，应急指挥演练培训于一体的国家综合性安全应急教育体验中心。体验中心设办公室、教育服务中心、工程部，初期配备人员 28 名。总建筑面积 9134 平方米，分为安全生产史料陈列区、应急管理发展历程展示区、安全生产 VR 穿越体验区、居家安全体验区、消防安全体验区、交通安全体验区、自然灾害体验区、应急救护体验区、7D 灾难影院、安全生产事故救援互动沙盘、应急指挥实训室等 16 个体验区。设计上采用互联网+安全文化体验的方式，运用 AR、VR 虚拟仿真技术，实现信息化交互、高效化学习的新模式。体验中心致力于通过逸趣诠释安全内涵，趣味化虚拟现实技术和沉浸式体验方式，生动形象地开展安全教育活动。体验中心累计已接待体验人员近 4 万人(次)，日均开放日接待人数约 350 余人(次)，其中省内外各类

考察调研团 80 余批(次)近 1700 人，得到了社会各界的广泛关注和高度赞誉，已逐步成为公众安全文化教育和应急救护体验的重要阵地(见图 4.111)。

图 4.111　国家安全生产应急救护(瑞金)体验中心 VR 体验中心

第五章　自然灾害专职救援队

5.1　自然灾害专职救援队概述

5.1.1　自然灾害救援队的定义与定位

我国是世界上自然灾害最为严重的国家之一，也是自然灾害多发的国家之一，自然灾害救援任重道远。

自然灾害专职救援队是处理自然灾害的职业性、技术性并实行军事化管理的专业队伍。主要承担各类自然灾害的应急抢险救援，参加现场医疗急救，参与事故灾难的应急救援。

自然灾害分为水灾旱灾、气象灾害、地震灾害、地质灾害、海洋灾害、生物灾害，以及森林草原火灾等。

所以，针对自然灾害事件及其应急救援现状，结合我国经济发展速度、人口密度的变化、财富的密集状况、公众对公共安全的需求以及我国当前应急救援水平，加强专业性自然灾害应急救援队伍建设，对提高我国自然灾害事件应急救援水平十分有必要。

目前，自然灾害应急救援队伍中比较成熟的队伍有地震灾害救援队；已组建的有森林草原消防灭火救援队，是由军队、武警转制而来，属于事业单位性质；正在组建的有防汛救援队；尚未组建的有气象、海洋、生物等灾害专职救援队。

截至 2021 年年底，国家省级以上地震灾害紧急救援队伍共有 1.2 万余人。

截至 2021 年年底，全国共有森林消防员 4.79 万余人。

因此，截至 2021 年年底，全国共有自然灾害专职救援指战员 5.99 万余人。

5.1.2　国外自然灾害应急救援现状

自然灾害事件应急救援研究，属于公共安全管理研究范畴。现代公共安全管理的系统研究，始于 20 世纪 70、80 年代的欧美等国。美国学者在初步研究的基础上，建立了"突发事件管理"(incident management)或"紧急事态管理"(emergency management)的"四阶段(预防、准备、应对、恢复)"管理理论。西方国家最初对自然事件应急救援方面的研究，主要是从工程技术角度对突发事件展开探讨，如针对洪水、飓风、地震、火灾等突发事件

的应急救援理论探索。20 世纪 60、70 年代，由于飓风、地震等自然灾害频发，美国政府及学术界加强了对自然灾害事件应急救援的探讨。在此研究领域，美国著名学者罗森塔尔首先提出"公共危机"的观点。他认为："公共危机"是指"对一个社会系统的基本价值和行为准则架构产生严重威胁，并且在时间压力和不确定性极高的情况下必须对其作出关键决策的事件。"该定义被我国学术界普遍接受。这一研究，主要是针对自然灾害事件应急救援的理论探讨。

研究自然灾害事件，是公共安全事件应急救援研究的重要方面。美国社会学教授克兰特利从社会学的角度，对大规模灾难中的公众互助行为模式及社会支持系统、救灾中社会组织与政府部门的作用、突发事件中的社会社区公众组织管理、灾害医疗救助服务、灾害紧急应对、灾害应对中的公众行为特征以及突发事件紧急应对行为方式、化学品突发事件中社区组织的预备和应对行动、突发灾害中社会角色的简化、灾难事件中的大众传媒等进行了广泛的探索。上述学者主要从应急救援群团组织、公众组织协调、救援措施等层面，论述了自然灾害事件应急救援中的社会参与、社区组织、群团作用的发挥以及具体救援行动，还没有涉及应急救援组织机构、运行机制等内容。20 世纪 90 年代以后，很多国外学者从不同的角度出发，对地震灾害等突发自然灾难的应急救援进行了多方面深入的研究。

1. 美国突发事件应急救援研究

美国是世界上突发事件应急救援体系最完善的国家之一，美国危机管理方面的专家诺曼·R. 奥古斯丁开始从突发事件的全局上把握对应急救援的研究。他认为，突发事件的控制与化解，就是突发事件应急救援的过程，是指根据突发事件发生的情况采取各种必要的紧急应对措施，通过采取各种合理有效的行为化解突发事件造成的破坏性影响，正是把这些过程和其中的要素逐一拆解出来，进行逐个研究和改进，以提高应急救援的整体能力水平。他还认为，应急救援建设应该包括以下内容：应急救援设施装备、应急救援操作技术、应急救援队伍建设与培养、应急救援医疗救助、应急救援后勤供给、通信保障等。诺曼·R. 奥古斯丁的理论受到了学术界的广泛关注。另外，美国国际救援小组(ARTI)的首席救援者道格·库普(Doug Copp)提出，美国的紧急救援能力之所以在国际上享誉盛名，其中的主要原因基于以下几点：一是科学高效的三级应急响应体系，美国突发事件紧急救援体系分为联邦、州及地方三级，民间不同领域的应急计划和预案也被纳入其中，在具体应急过程中，采取属地管理和统一管理相结合、分级响应和全面响应相结合的灵活处置方式。二是有着较为健全的法律体系，美国涉及突发公共事件紧急处理的法律数量相当可观，内容十分详尽，为应急救援的各个机构职责的履行、人员的部署和各种资源的配置，以及有效信息的传播、扩散和共享提供了坚强的制度保障。三是救援队伍中拥有着经验丰富的人员，队伍主要由具有半职业化、较高专业技能的志愿者组成，队伍成员包括医生、护士、驾驶员、消防队员相关专业专家等。在救援行动中，可以做到各有所长、充分发挥。四是救援队伍组织结构合理，设有指挥部、搜索小组、救援小组、计划小组、后勤小组、医疗小组、危险品小组，各小组受指挥部统一领导，各小组之间相互联系，有着畅通的联系机制和便于协调的指挥机制。五是有着科学的救援能力分级分类标准，如《ASTMF1993-2005，人员搜索与救援资源标准分类》，标准对 4 个级别以及 12 个类别的救援能力分级、分类进行了科学的定义。21 世纪以来，学者们加强了对社会自然灾害事件应急救援具体措施的研究。包括应急救援设施装备、应急救援操作技术、应急救援队伍建设与培养、应急救援医疗救助、应急救援后勤供给、通信保障等在内的应急救援具体事项的研究，受到学术界的广泛关注。他们从突发事件应对人员自身保护、防卫技术、应急救援程序、搜救工具的运用、联合搜救技术、地理信息系统、互联网络数字技术和应急搜救过程中的支持系统等方面进行了深入探讨。

2. 日本突发事件应急救援研究

日本是东亚的一个岛国，领土由 4 个大岛和一些小岛组成，国土面积整体上来看比较狭长，境内四分之三以上土地是山地和丘陵，火山数量较多，季风气候具有海洋性特征。狭小的国土内有 57 座核电站，由于日本位于太平洋板块与亚欧板块的地带，太平洋板块与亚欧板块经常碰撞挤压，导致破坏性地震的频繁发生，并且由于日本特殊的地理特征，一旦发生破坏性地震，往往会引起海啸、火山爆发、核泄漏等严重的次生灾害。因此，日本对于地震应急救援方面的实践和研究不仅仅在亚洲数一数二，在国际上也是名列前茅的。日本京都大学的林春男在其博士论文《适应日本社会的应急救援体系的基本结构》中提出，适合日本国情的应急救援应包含人员培训、危机预警、情报处理等内容。日本地震救援方面的学者竹中平藏、船桥洋一在《日本"3-11"大地震的启示》中提出，日本灾害救援有鲜明的实践特色，日本应急救援体系包括三个层面，分别是组织机构、法律体系和防灾科技系统。组织机构中包含了中央和地方防灾指挥机构、负责地震等灾害预警的气象厅、救援队伍。法律体系包括基本法、灾害预防、灾害应急对策、灾害恢复与复兴。防灾科技系统包括指挥中心、情报收集、通联技术、网络技术、科学研究。日本消防厅救援专家青木阳介在一次访谈中提到，日本对地震灾害救援相当重视，1960 年就成立了灾害综合研究班，开展了对地震灾害战略层面的研究，形成了一套较为完备的应急救援体系。主要包括以下三个方面：一是灾害管理政策机制，用于维护制度政策的时代性；二是应急救援科技应用，保证最新科技可以随时保障救援行动，为其提供强有力的技术支援；三是建立灾后救援保障制度，足以把救援行动的装备、后勤、物资保障到位。

3. 联合国国际救援队伍分级测评

联合国人道主义事务协调办公室(OCHA)是联合国秘书处负责动员和协调多边人道主义应急响应行动的部门。OCHA 日内瓦应急服务局(ESB)的现场协调支持部(FCSS)下设国际搜索与救援咨询团(INSARAG)。FCSS 负责联合国灾害评估与协调队(UNDAC)的管理。

国际搜索与救援咨询团(INSARAG)总结了 1985 年墨西哥地震、1988 年爱沙尼亚地震、1999 年土耳其地震等重大地震灾害的国际救援行动经验，发现由于各国派出的救援队规模各异、能力参差不齐，对灾害现场救援资源的调用和协调造成了混乱和浪费。INSARAG 决定建立一套系统化的城市搜救队伍标准和规范，并开展救援队伍分级测评。分级测评将国际救援队分为重型、中型和轻型三个级别，并对各级队伍的组织结构及其最低人数要求进行了规定。联合国国际救援队伍分级测评(INSARAG External Classification，简称 IEC)是联合国针对各国际救援队的队伍管理、后勤保障、搜索、营救和医疗救护等能力而进行的全面、深入、客观、规范的评估和核查，始于 2005 年。分级

测评的内容主要包括两方面：管理协调和技术技能。管理协调测评主要针对救援队组成单位的组织领导和协调指挥能力；技术技能测评主要针对救援队完成特定具体任务的能力。通过联合国组织的测评并获得国际重型、中型救援队资格，就具备了实施国际救援任务的准入证明。同时通过测评的救援队 5 年后必须进行复测确保救援队的能力维持在较高的水平。联合国已形成了一套完整的测评工作体系，包括系统化的测评，复测工作机制、标准规范的测评，复测工作流程及方法，INSARAG 测评、复测工作手册、复测检查表以及一批来自世界各地的日渐成熟的测评专家和测评教练队伍。该测评体系得到INSARAG 成员国极大的支持，并对国际城市搜救队的发展以及联合国国际救援协调工作体系的顺利运行发挥了重要的作用。INSARAG 只组织测评重型和中型救援队，目前全球通过 INSARAG 国际重型和中型救援队测评的队伍达到 49 支，通过联合国重型及中型救援队复测的队伍有 26 支。

5.2　地震灾害专职救援队

需要特别指出的是地震灾害应急救援隶属于专业性自然灾害应急救援队伍体系。

5.2.1　地震灾害应急救援及其职责

地震应急救援的定义有广义和狭义之分，其中广义的概念指的是：为了降低震灾所引起的受害程度，由政府部门主导，从而采取的不同于正常工作程序的紧急防灾行为和抢险救援行动，包括了地震前的紧急预警、临震时的应急防备、震后的应急管理、灾后的应急恢复等，涵盖了应对地震的全过程。上述"震前防御、震中救援、震后评估和恢复"三个环节都是救援应急的重点，环环相扣、缺一不可。而狭义的概念，专门指的是上述的"震后的应急管理"这个环节。本书中所讨论的地震应急救援采用的是狭义概念，而"震后的应急管理"又包括了许多方面，比如应急救援、舆论应对、区域警戒、交通疏导等等。

地震灾害应急救援：在破坏性地震发生之后，在政府统一领导和指挥下，各级地震部门和社会各个方面的力量，采取一系列有计划、有组织，政令畅通、协调有力的紧急救援行动，用最大的努力来降低震灾所导致的人员伤亡和减轻震灾所带来的财产损失，尽全力将不利的社会影响降到最低。

根据上述定义和相关概念，地震灾害的救援行动的展开必须要有行为组织保障、运行保障和后勤保障，这三个缺一不可的构成部分。而上述三大部分，又分别包含以下内容：组织保障包含了指挥机构建设、专业队伍建设；运行保障包含了法规制度建设、预案建设、队伍标准建设、协调机制；后勤保障包含了经费、装备、物资。

地震灾害专职救援队是在国际框架下成立的救援队，也是我国具有国际化技术水平的救援队。

2009 年 11 月国家地震灾害紧急救援队(中国国际救援队)通过了联合国重型救援队测评，成为全球第 12 支获得联合国国际重型救援队分级测评的队伍之一，并于 2014 年 8 月通过了联合国重型救援队复测。

2019 年 10 月 23 日，中国救援队和中国国际救援队成功通过了联合国国际重型救援队测评和复测。我国成为亚洲首个拥有两支获得联合国认证的国际重型救援队的国家，中国国际救援成为亚太地区乃至全球的重要搜救力量之一。

通常，我国地震灾害专职救援队下设搜索分队、营救分队、技术保障分队、急救医疗分队、信息收报分队和生活保障分队(见图 5.1)。

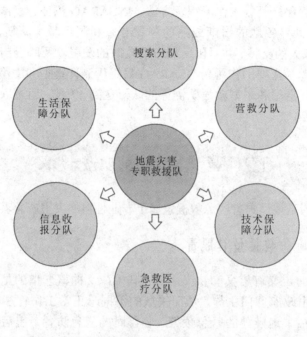

图 5.1 地震灾害专职救援队组成

(1) 搜索分队主要进行现场人工搜索与仪器搜索。指挥驯犬搜索员进行犬搜索，发现受难者后指引营救分队进行营救，并配合营救分队开展救援工作。

(2) 营救分队主要实施现场营救行动。指挥营救组对地震造成框架、砖混结构房屋进行支撑、顶升、破拆，设法营救受难者、配合急救医疗组对受难者进行急救。并对地震造成建筑物倒塌掩埋的重要设备、档案及易燃、易爆和有毒危险品进行抢救和处理。

(3) 技术保障分队对现场救援行动进行技术支持。负责搜索分队和营救分队的有关地震救援业务培训。地震专家负责提供地震灾区地震震情、地震活动构造背景和未来强余震预测意见。建筑结构专家负责提供灾区建筑有关资料，对于拟进入的震损建筑物、拟破拆的承重构件与支撑构件进行危险性评估，对营救分队进行工程结构方面的指导。救援专家负责救援行动的安全保障，监视余震、次生灾害、震损建筑物继续坍塌的威胁，并发出警报。

146

(4) 急救医疗分队指挥现场医疗救护行动。从医疗救护的角度向救援队提出营救过程中应采取的必要措施、对受难者实施医疗救护，并进行心理安慰以稳定情绪、负责救援队地震救灾现场卫生防疫保障。

(5) 信息收报分队负责地震现场救援、震情和灾情信息的搜集，将各种信息快速传输到当地抗震救灾现场指挥部、当地地震局和消防队。

(6) 后勤保障分队组织紧急出动时的给养携带工作及出动过程中的后勤保障。

5.2.2 我国地震灾害专业救援队的发展与分级

地震应急与救援作为国家自然灾害应急救援的重要组成部分，始于 1966 年邢台地震，至今经历了地震应急概念的形成、地震应急对策的提出、地震应急工作的法治化、应急救援工作体系建设等阶段，为减少地震灾害造成的人员伤亡、财产损失、稳定社会发挥了积极的作用。随着经济建设的发展和社会进步，我国政府越来越加大对突发事件的处置力度。1995 年国务院颁布《破坏性地震应急条例》，1997 年全国人大颁布《防震减灾法》，2006 年国务院颁布了《国家突发公共事件总体应急预案》，25 个专项预案和 80 个部门预案，并先后召开了两次全国应急工作会议，2008 年又作了修订。全国 29 个省、自治区、直辖市也先后出台了《防震减灾条例》和相应的规章制度。"横向到边、纵向到底"的地震应急预案体系基本形成。目前，全国各级各类地震应急预案总数达 2.9 万余件，全国 100%省级、98%市级、82%县级人民政府都编制修订了地震应急预案，各部门、企事业单位和基层也广泛制订了地震应急预案。

地震灾害专职救援队能力分级及测评如下：

(1) 我国地震灾害专业救援队的分级及依据：基于 INSARAG 指南中联合国国际城镇搜救队测评以及我国的灾情需要，我国地震灾害专业救援队根据总人数、出队结构人数、作战救援区域、队伍结构组成、管理层能力、现场协调能力、先遣队、搜救能力、持续行动时间、灾情获取与实时通信能力、医疗能力、行动基地建设情况、机动能力、装备管理与维护等不同的度量要素分为重型、中型、轻型三个级别。

① 轻型救援队：总人数超过 30 人，出队结构人数多于 20 人，参加省内救援。救援队结构包括管理、搜索、营救、医疗和一定的后勤保障能力。具有一定的灾情评估和救援目标判识的能力，对救援队可进行行动规划、协调。具有对表层和浅层埋压人员开展技术搜救的能力。救援队具备在一个单独的工作场地 24 小时、4 天不间断开展救援行动的能力。

② 中型救援队：总人数超过 60 人，出队结构人数超过 45 人，参加省内救援。救援队结构应包括管理、搜索、营救、医疗和后勤保障能力。队伍中应设有结构专家、灾害评估专家、救援专家岗位。具有对救援队管理、协调和行动指挥的能力。具有灾区规模、救援响应启动、救援目标区、重点救援目标判识等灾情动态研判、信息收集与处理、救援行动规划、全程协调与指挥、现场灾害评估和媒体应对的能力。具有与当地现场指挥部之间开展任务和责任分工与分区的协调与沟通能力。具有在到达指定现场区域范围内与其他救援队伍和救援力量间的协调与沟通能力。具有在灾害现场队伍内部协调与指挥能力。具有在倒塌的重型木材或钢混结构(包括结构钢加固)中开展中层-浅层埋压人员技术搜索和营救行动的能力，必须能够进行绳索、破拆和顶升操作。具有在一个单独的工作场地 24 小时、7 天不间断开展救援行动与装备和后勤自我保障的能力。

③ 重型救援队：总人数超过 120 人，出队结构人数超过 80 人，参加跨省救援。救援队结构应包括管理、搜索、营救、医疗和后勤保障能力。队伍中应设有结构工程师、灾害评估专家、救援专家岗位。具有对救援队管理、协调和行动指挥的能力。具有灾区规模、救援响应启动、救援目标区、重点救援目标判识等灾情动态研判、信息收集与处理、救援

行动规划、全局全程协调与指挥、现场灾害评估和媒体应对的能力。具有与当地现场指挥部之间开展任务和责任分工与分区的协调与沟通能力。具有在到达指定现场区域范围内与其他救援队伍和救援力量间的协调与沟通能力。具有在灾害现场队伍内部协调与指挥能力。具有派出先遣队开展救援现场灾情评估与救援行动目标快速判识、对行动基地进行有效选址、与救援队大部队实时沟通的能力。具有在倒塌的重型木或钢混结构(包括结构钢加固)中开展深层埋压人员技术搜索和营救行动的能力，必须具备能够进行高空和深井的绳索救援、密闭空间破拆、顶升和防护操作的能力。具有能够同时在两个独立的工作场地以重型搜救技术能力连续 24 小时、10 天不间断开展救援行动，以及相应装备和后勤自我保障的能力。

(2) 我国地震灾害专业救援队分级测评：针对我国地震灾害专业救援队取得的成就、发展的现状和存在的问题，借鉴国际搜救界的成功做法，中国地震局认为，为进一步提高地震灾害专业救援队伍的能力，要建立健全相关标准和规范，计划首先开展省级地震灾害专业救援队的能力分级测评，并在五年内逐步形成全国地震灾害专业救援队伍的分级测评体系。这是继续推动全国地震灾害专业救援队伍建设的重要环节，将为市、县级以及社会、志愿者救援队伍的建设与发展提供指导。

2009 年 11 月国家地震灾害紧急救援队(中国国际救援队)通过了联合国重型救援队测评(IEC)，成为全球第 12 支获得联合国国际重型救援队分级测评的队伍之一，并于 2014 年 8 月通过了联合国重型救援队复测(IER)。通过联合国组织的测评活动、我国国家救援队获得了国际重型救援队资格，测评活动提高了中国国家队的能力。为扩大测评成果，我国正逐步制定中国省、市和县级的地震应急救援队分级测评标准。参照联合国国际救援组织的做法，省级的救援队要成为"重型"队，市级的救援队要成为"中型"队，而县级的救援队则打造成"轻型"队。为规范地震专业救援队建设，促进、规范队伍管理，从 2016 年起中国地震局开始对全国省级地震灾害救援队分批次开展能力分级测评。2016 年 10 月 16 日甘肃省地震灾害救援队通过地震灾害重型救援队能力测评，成为国内第一支省级地震灾害重型救援队。2017 年 3 月 20 日福建省地震灾害救援队通过测评，被授予"重型地震专业救援队"称号，成为全国第一支以消防部队为救援主体的重型救援队。地震灾害专业救援队能力分级测评不是比赛、竞技、考试，也不是简单的演练拉动，而是按照一定的专业标准，对队伍管理、搜索、营救、医疗、后勤等方面进行的综合性测试和评价。

测评是通过一场持续的不低于 30 小时的演练，全方位展示队伍在接受灾情信息、队伍启动、抵达灾区开展搜索与营救、搭建行动基地，以及撤离受灾地区等各个环节中，队伍的管理与协调、启动响应、现场评估、废墟搜索与营救以及后勤保障的综合能力。测评专家们通过申报材料审阅、资料档案检查、装备场地查看、演练现场观看等方式给出专家同行评议，对队伍的能力水平给出科学的综合性评价，指出存在不足和努力方向。

5.2.3 我国地震灾害专职救援队

中国政府高度重视地震灾害的预防和减灾，并将监测预报、震害防御和紧急救援作为防震减灾的三大工作体系。由于中国大部分农村及边远城镇的民居没有抗震设防，所以震后紧急救援是减轻人员伤亡的重要措施。我国依托军队、武警、应急等力量建立了国家、省级、市县级三个层次的地震灾害应急救援队伍体系。地震灾害专职救援队配备有精良的救援装备，经过严格、规范、系统、科学的训练和培训，在地震灾害或其他突发性事件造成建(构)筑物倒塌灾害发生时，能利用先进仪器、设备和技术对被压埋人员实施紧急搜索与营救，并进行急救医疗。2008年四川汶川地震之后，中国修订了《中华人民共和国防震减灾法》和《国家地震应急预案》，救援队伍体系得到了扩充。

截至2021年底，我国省级以上地震灾害应急救援队伍已超过85支、专职救援指战员1.2万余人，各省(自治区)都建立了与消防、武警合作的至少两支省级救援队伍，市县级、NGO(Non-Governmental Organizations，非政府组织)救援队伍发展也十分迅速。这些队伍在汶川、玉树、芦山等地震灾害应对中发挥了重要作用，极大地挽救了人民生命和财产损失。

此外，中国在辽宁省沈阳市、浙江省绍兴市、广东省广州市、重庆市、新疆维吾尔自治区乌鲁木齐市、河北省石家庄市、甘肃省兰州市、河南省平顶山市建立了8个国家陆地搜寻与救护基地，其中6个以公安消防特勤队伍、消防培训基地为依托，其余2个分别由中国地震局、国家安全生产监督总局建立。基地配备有建筑物坍塌、地震、山体滑坡、泥石流、坠崖等灾害事故应急救援设施，基地投入使用后形成了覆盖全国的跨区域自然灾害应急救援体系。为了强化地震救援专业培训，2008年又在北京建成中国第一个国家地震灾害紧急救援培训基地。

1. 中国国际救援队

中国国家地震灾害紧急救援队，对外称中国国际救援队，英文缩写为CISAR。中国国际救援队成立于2001年4月，于2009年通过重型救援队测评，并于2014年顺利通过联合国的复测，继续获得国际重型救援队资格并参与国际救援行动。中国国际救援队建队初期投入经费人民币5000万元，年度运行经费为人民币300万元，2010年政府又投入人民币1.1亿元。

中国国际救援队由工兵团某部救援队员、地震局专家、现场应急队员、武警总医院医护人员组成，初期规模指战员230人，汶川地震后扩建到480人，其中地震局专家60人，主要承担灾害评估、结构评估、通信和后勤保障。工兵团370人，主要承担现场搜索与营救、行动基地搭建及安全保卫。武警总医院50人，主要承担医疗、卫生防疫、洗消。救援队的建设按照国际INSARAG标准，结合中国国情，可根据不同的任务需求，组成不同类型和级别的出队结构，可以组成15～30人的轻型搜救队、30～60人的中型搜救队、60～100人的重型搜救队，也可以组成医疗救援队，具备同时形成3个重型搜救队或9个中型搜救队开展现场搜救的能力，主要承担国际和国内由地震或其他灾害造成的倒塌建筑物的搜索与救援。中国国际救援队出队人数为92人，分为指挥部12人、行动队59人、行动基地21人。

中国国际救援队装备有搜索、侦检、营救、通信、动力照明、医疗急救、个人装具、后勤保障及救援车辆共8大类、300多种、6000多套(件)救援装备，并配备优良搜救犬20多条。部分装备器材在国际上处于先进水平，搜索装备主要有：雷达、热成像、声波和光学生命探测仪，主要用于各种废墟环境下的人员搜索。营救装备主要有：剪切钳、扩张钳、高压起重气垫等器材，主要用于营救压埋废墟下的幸存者。

　　中国国际救援队是我国获联合国认证的两支国际重型救援队伍之一，自组建以来，参加了玉树地震、九寨沟地震、印尼海啸、海地地震、东日本大地震等国内国际重大灾害救援，为拯救生命，展示国家形象，增进国际友谊作出了重要贡献(见图 5.2)。

图 5.2　中国国际救援队现场救援照片

2. 国家级地震灾害专职救援队伍

　　2018 年 8 月，中国救援队(China Search and Rescue，CSAR)在应急管理部组建之后迅速成立。中国救援队以北京市消防救援总队为主要骨干，加上中国地震应急搜救中心和中国应急总医院有关的人员组成，具备管理、搜索、营救、后勤、医疗等 5 个方面能力。2019 年 10 月 23 日，中国救援队通过了联合国国际重型救援队能力测评，被正式授旗授牌。

　　中国救援队和中国国际救援队成功通过联合国国际重型救援队测评和复测，使我国成为亚洲首个拥有两支获得联合国认证的国际重型救援队的国家。中国国际救援成为亚太地区乃至全球的重要搜救力量之一。

　　2019 年 3 月，非洲东南部莫桑比克、津巴布韦和马拉维 3 国遭受热带气旋"伊代"袭击，暴风、强降雨引发严重洪涝灾害、山体滑坡和河水决堤，造成重大人员伤亡和财产损失。应莫桑比克政府请求，3 月 24 日，中国政府派遣中国救援队赴莫桑比克实施国际救援。国际救援行动及时高效，各项任务均圆满完成，赢得了莫桑比克政府和人民的高度赞誉。同时，中国救援队还作为国际救援队伍代表受到莫桑比克总统接见(图 5.3)。

150

图 5.3　中国救援队执行在莫桑比克的救援任务

3. 省级地震灾害专职救援队伍

2001 年国家地震灾害专职救援队组建以来，全国各省陆续依法组建了不同规模的地震灾害专职救援队伍。截至目前，我国省级以上地震灾害专职救援队伍已超过 85 支、1.2 万余人，各救援队人数从 50 人到 400 人不等，由省政府出资组建。多数省(自治区)都与消防、武警合作建立至少 2 支省级地震灾害专职救援队伍。省队除了负责本地发生的灾害救援任务外，还应具备远程空中拉动和地面机动能力，可执行国内重大突发事件的跨省救援。如云南省依托军队、武警、消防建立了 3 支省级地震灾害专职救援队，总人数达到了 1620 人，投入经费人民币 3 亿元。新疆依托消防、武警建立了 2 支省级地震灾害专职救援队，总人数 760 人，投入经费人民币 1 亿多元。中国东部地区如山东省组建了省级地震灾害专职救援队 3 支，投入经费人民币 5570 万元，初步形成了以省队为主、各市县队及地震系统应急救援队伍为骨干的辐射全省的地震灾害紧急救援队伍体系。福建省共有省级地震灾害专职救援队 5 支，580 人，投入经费人民币 7296 万元。目前已有甘肃省地震灾害专业救援队和福建省地震灾害专业救援队(消防)2 支省级专职救援队分别于 2016 年 10 月和 2017 年 3 月通过了省级重型地震灾害紧急救援队测评。中国地震局计划完成对来自内蒙古、河北、辽宁、福建(武警)、云南的 5 支省级救援队的分级测评。

(1) 装备配备：主要来自当地政府的财政拨款，装备配备情况因经费支持力度不同，装备配备情况差异较大。但是基本上都配备了地震灾害救援常用的危险品侦检、搜索、营救、医疗、车辆、通信、动力、个人防护、后勤保障等装备，基本达到通常要求的重型救援队的标准。

(2) 制度建设：各救援队建立了省级地震灾害专业救援队联席会议工作机制，建立了相应的工作制度，制定了行动预案，为救援队的规范化管理奠定了制度基础。但是缺乏现场管理制度和系列标准操作程序。

151

（3）队伍培训：通过日常训练，定期开展地震灾害紧急救援培训班，派遣救援队骨干力量赴国外及国家地震紧急救援训练基地和兰州陆搜基地参加训练学习，组织和参加各种规模和形式的演练，队伍具备了一定地震搜救技能。

（4）后勤保障：基本具备保障队伍现场行动和在现场建立行动基地的能力。大部分救援队配备了炊事车，现场的生活保障能力强。

（5）队伍启动与响应：编制了救援队行动预案和一定的跨区预案，确定了启动条件和启动程序，具备地面远程机动能力。某些省(消防总队)救援队建立了多种远程拉动模式，将救援装备物资化整为零，使救援队可在灾区复杂地形和道路破坏车辆不能通行的情况下仍可以通过人力及时前往灾区开展救援。具有一定的空中远程拉动能力。

4. 市县级地震灾害专职救援队伍

2008年汶川地震之后，国务院下发了国办发〔2009〕59号文《国务院办公厅关于加强基层应急队伍建设的意见》，市县级地震灾害紧急救援队伍得到了极大的发展，按照"一队多用、专兼结合、军民结合、平战结合、资源共享"的原则建设，依托当地的军队、武警、消防、安监建立，由地方自行管理，通常负责当地发生的包括地震、森林火灾、气象灾害、矿山事故等在内的突发事件应急救援任务。但是各个队伍发展情况、人员数量、装备配备、日常演练、专业培训等方面差异较大。

5.2.4 国家级陆地搜寻与救护基地

1. 沈阳基地

沈阳国家陆地搜寻与救护基地隶属于应急管理部消防救援局，驻地位于辽宁省沈阳市东陵区文官屯，占地195亩，建有全国最大的消防车库，可同时容纳30多辆特种救援消防车，是我国东北部唯一的国家陆地搜寻与救护基地。

沈阳基地除了要承担沈阳及周边地区搜寻与救护任务外，还将辐射辽宁省全境、吉林省全境和黑龙江省、内蒙古自治区的部分地区。基地结合承担的地震、山岳、水难、交通4类灾害事故救援任务，有针对性地开展相关技能训练，积极构建模块化战斗体系，优化配置山岳、水域、交通事故、地震等搜寻救护组。同时，结合东北地区实际，不断探索拓展新功能，积极开展冬季山岳、冰上救援等课目训练，成立了国内首支公共安全潜水员和冰面事故救援分队，填补了业内空白。在没有外援情况下能够独立工作72小时。8个基地中，沈阳基地将第一个作为试点运行国家级地震救援队。

2. 绍兴基地

绍兴国家陆地搜寻与救护基地隶属于应急管理部消防救援局，驻地位于浙江省绍兴市越城区马山镇，占地70亩，建筑面积1万余平方米，建有陆地搜寻与救护模拟训练设施，主要承担长三角地区以抢救生命为主的地震、台风、山体滑坡、泥石流、爆炸、地铁事故、建(构)筑物倒塌等突发公共事件应急救援任务。

3. 广州基地

广州国家陆地搜寻与救护基地隶属于应急管理部消防救援局，驻地位于广州市白云区太和镇白山村，建筑面积3.2万余平方米，建有训练楼、搜救楼、仓库等。主要承担广东省、广州市区域内的建筑塌陷、地震、泥石流、山体滑坡、迷山、坠崖等六大突发灾难实施救援，形成辐射广东、广西、湖南、江西、福建、海南等 6 省的跨区域应急救援力量。城内、基地集结时间为 30 分钟，机场集结为 60 分钟，跨区域到达事故最近机场和事发现场时间将根据空中保障、区域交通道路等实际情况，快速、准确、安全抵达。该基地可在国内外开展远程救援行动，在没有外援情况下，可独立工作 72 小时(见图 5.4)。

图 5.4　广州国家陆地搜寻与救护基地

4. 重庆基地

重庆国家陆地搜寻与救护基地隶属于应急管理部消防救援局，驻地位于重庆市江北区复盛镇，占地 360 亩，建筑总面积约 8.4 万平方米，建设工程投资 4.5 亿元，与重庆消防特勤模拟训练基地统一规划、合并建设。该基地设置了集教学、住宿、室内外训练场馆及集化工、电气、油气、毒害、飞机、轻轨等于一体的模拟训练设施，配备有建筑物坍塌、地震、山体滑坡等灾害事故应急救援设施。基地采用当今世界最先进的真火模拟训练系统，能为受训队员提供最接近真实的火灾现场，以有效提升实战处置能力。基地集教学培训、陆地搜救、灾害事故处置训练三大板块和 16 类训练设施于一体，同时辐射渝、云、贵、川、鄂等五省(市)(见图 5.5)。

图 5.5　重庆国家陆地搜寻与救护基地的地震灾害模拟训练基地

5. 乌鲁木齐基地

乌鲁木齐国家陆地搜寻与救护基地隶属于应急管理部消防救援局，驻地位于乌鲁木齐市乌鲁木齐县水西沟镇庙尔沟村，占地 440 亩，总投资 1.49 亿元，建有执勤楼、通信指挥中心、综合训练室、搜救犬训练设施等。主要承担乌鲁木齐市以及覆盖全疆地区的地震、山体滑坡、泥石流等自然灾害事故的应急救援任务，救援队可在没有外援的情况下独立工作 72 小时，将大大缩短救援半径，极大提升抗御各类灾害事故的综合能力(见图 5.6)。

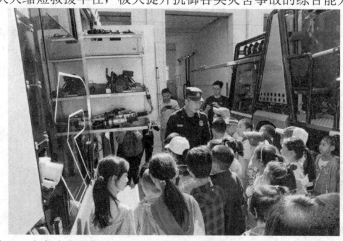

图 5.6　乌鲁木齐国家陆地搜寻与救护基地消防员给学生们讲解消防知识

6. 石家庄基地

石家庄国家陆地搜寻与救护基地隶属于应急管理部消防救援局，驻地位于河北省正定县晨光路，是华北地区唯一的国家级陆地搜寻救护基地，占地 172 亩，总投资 9288 万元，建筑面积 1.58 万平方米，建有指挥用房、部队营房、多功能训练、仓储、医疗救护等用房。以抢救人员生命为主要目标，主要在建(构)筑物坍塌、地震、山体滑坡、泥石流、坠崖等事故灾害面前发挥紧急救援功能，形成覆盖河北，辐射北京、天津、山西、内蒙古等省区市的跨区域综合应急救援体系(见图 5.7)。

图 5.7　石家庄国家陆地搜寻与救护基地训练区示意图

7. 兰州基地

兰州国家陆地搜寻与救护基地由应急管理部中国地震局和消防救援局共建共管，驻地位于甘肃省兰州市榆中县，是一支由消防员、医护人员及地震技术人员组成的专职救援队伍，承担各类搜救任务。基地内有功能齐全的专业化训练场地、设施和装备。救援队伍可开展建(构)筑物坍塌、地震、山体滑坡、泥石流、坠崖、洪水、矿难等事故灾害的搜寻与救护工作，能够实施以地震救援为代表的综合性、机动性和专业化的陆地搜救，重点保障并可响应配合国内外其他远程救援行动。能够在自然灾害和突发公共事件发生后的最短时间内作出反应，用最快速度抵达现场，对现场人员及财产进行搜寻、保护和现场救护，最大程度地减少灾害和事故的现场损失。同时对陕西、甘肃、宁夏、青海和内蒙古西部等省(区)增强救援力量，提高应对自然灾害和突发公共事件的现场应急处置能力，最大限度地保护人民生命和财产安全(见图5.8)。

图 5.8　兰州国家陆地搜寻与救护基地战士在进行技术训练

8. 平顶山基地

平顶山国家陆地搜寻与救护基地由应急管理部中国地震局和国家安全生产应急救援中心共建共管，驻地位于平顶山市卫东区北环路，是国家安全生产应急救援中心唯一的国家陆地搜寻与救护基地，也是全国唯一一家依托企业力量建设的陆地搜寻与救护基地项目，具有矿山抢险救灾资质。主要承担煤矿井下、城市地铁、地下工程、隧道、洞穴等封闭空间人员被困时的生命搜寻和救护，包括人员定位、搜救、抢救、急救技术保障等。形成辐射河南、安徽、湖南、湖北、广东、海南等地的跨区域综合应急救援体系(见图5.9)。

图 5.9　平顶山国家陆地搜寻与救护基地

9. 国家地震灾害紧急救援培训基地(北京)

为了强化地震救援专业培训，2008 年在北京建成中国第一个国家地震灾害紧急救援培训基地。基地位于北京海淀区西郊凤凰岭，占地 195 亩，总投资人民币 2.1 亿元，建有教学综合楼、地震废墟、虚拟仿真馆、体能训练馆、搜救犬舍及附属配套工程，配备有国际先进的地震现场救援虚拟仿真系统和可控地震废墟，为国内外救援队伍提供专业搜救技能培训。国家地震灾害紧急救援训练基地隶属于应急管理部中国地震局，这里是专业化、系统化的救援培训、模拟演练以及国际交流的场所，可以模拟多种救灾环境和场所，开展搜索、营救、紧急处置、指挥等内容的培训。基地主要轮训国家地震灾害紧急救援队队员、省级和地区级救援队的业务骨干、各级政府应急管理人员、社区地震救援志愿者和承担国际地震应急救援培训交流任务。为各级救援和政府应急管理人员提供了一套适应多种突发公共事件处置需要的、具有较高科技含量的体验式培训和演练基地。基地可以向应急管理人员提供指挥调度和预案推演等方面的仿真模拟培训和演练，向救援人员提供建筑物倒塌救援、次生灾害救援和反恐演练等综合实战训练(见图 5.10)。

图 5.10　国家地震灾害紧急救援训练基地地震灾害模拟现场

5.3　森林草原消防灭火专职救援队

需要特别指出的是森林草原应急救援隶属于专业性自然灾害应急救援队伍体系。

5.3.1　森林草原消防灭火队伍历史沿革

森林草原消防灭火专职救援队由原来的武警森林部队转制而来。转制改革前，森林部队属于武警部队垂直管理，任务行动由武警部队统一指挥。转制后，承担森林灭火等应急救援任务，发挥国家应急救援专业队作用。

武警森林部队可以追溯到 1948 年东北行政委员会在合江省(今黑龙江省东部)、松江省(今黑龙江省东南部)、龙江省(今黑龙江省齐齐哈尔西部)、吉林省组建的武装护林队，至今已经 70 多年的历史，当时的主要任务是平定丛林中的土匪。

1954 年，武装护林队改编为森林警察，主要任务为保护森林不被乱砍滥伐。

1978 年 4 月，森林警察部队实行义务兵役制，连以下干部转为现役，营以上干部和部分士兵仍实行职业制。主要任务为森林防火救灾。

1988 年 1 月，经中华人民共和国国务院、中央军事委员会批准，森林部队正式列入中国人民武装警察部队序列，全部转为现役，由国务院林业部和公安部双重领导，以林业部领导为主。部队执行森林防火灭火任务时，受各级人民政府森林防火指挥部统一指挥。1999 年 2 月，为加强管理和便于指挥，武警森林部队实行武警总部和国家林业局(现国家林业和草原局)双重领导管理体制，成立武警森林指挥部，统一领导全国森林部队。之后，在森林防火灭火任务较重的省(自治区、直辖市)，相继建立了武警森林总队。2018 年 3 月 21 日，中共中央印发了《深化党和国家机构改革方案》，武警部队不再领导管理武警黄金、森林、水电部队。按照先移交、后整编的方式，将武警黄金、森林、水电部队整体移交国家有关职能部门，官兵集体转业改编为非现役专业队伍。武警森林部队转为非现役专业队伍后，现役编制转为行政编制，并入应急管理部。应急管理部设立森林消防局作为森林消防队伍的领导指挥机关，承担森林灭火等应急救援任务，发挥国家应急救援专业队作用。

5.3.2　森林草原消防灭火专职救援队简介

应急管理部森林消防局下设 9 个森林草原消防总队、35 个森林草原消防支队、1 个训练支队、2 个航空救援支队、1 个应急通信保障大队、1 个应急车辆勤务大队、136 个森林草原消防大队、12 个训练大队、9 个应急通信与车辆勤务大队，323 个森林草原消防中队、1 个应急通信保障中队、1 个应急车辆勤务中队、37 个应急通信与车辆勤务中队，以及若干个森林草原消防排(班、组)。

森林消防局机动支队、森林消防局大庆航空救援支队、森林消防局昆明航空救援支队、内蒙古自治区森林消防总队、吉林省森林消防总队、黑龙江省森林消防总队、福建省森林消防总队、四川省森林消防总队、甘肃省森林消防总队、云南省森林消防总队、新疆维吾尔自治区森林消防总队，以及西藏自治区森林消防总队是国家级森林草原消防灭火应急救援力量。

截至 2021 年，全国共有森林草原专职消防队员 4.79 万余人。

森林草原消防灭火救援队伍主要承担森林和草原火灾扑救、抢险救援、特种灾害救援以及森林和草原火灾预防、监督执法、火灾事故调查相关工作，负责指挥调度相关救援行动。

5.3.3 森林草原消防灭火专职救援队单兵装备

灭火装备是扑救森林草原火灾的基础，是实现扑救手段现代化的重要支撑。由于各地区自然条件的不同，装备适用性也有所不同，科学配置装备，有利于灭火效能的提升。表5.1 为我国南、北方地区森林草原灭火救援队单兵主战装备配备情况。南方地区山高林密、江河众多，主要配备水泵、蓄水池、水枪、高压细水雾灭火机等以水灭火装备，其次为割灌机、油锯等阻隔灭火装备，同时配备一定数量的灭火弹、水溶灭火剂等。而北方地区多为丘陵、草原，水资源不足，单兵主战装备主要以风力灭火机、二号工具为主，其次为水枪、水泵、割灌机、油锯等装备。

表 5.1　我国南北方森林草原灭火救援队单兵主战装备配备情况(截至 2021 年)

装备名称	灭火水泵/台	水龙带/根	蓄水池/个	灭火水枪/支	高压细水雾灭火器/台	水溶灭火剂/瓶	灭火弹/枚	割灌机/台	油锯/台	组合工具/套	二号工具/把	点火器/个	风力灭火机/台
南方地区救援队	30	306	40	105	26	424	1019	40	48	225	206	63	134
北方地区救援队	16	120	10	80	10	0	560	10	10	300	360	80	260

5.3.4 国家级森林草原消防灭火专职救援队

1. 森林消防局机动支队

应急管理部森林消防局机动支队驻地位于北京市朝阳区，2019 年 12 月 28 日挂牌成立，是中华人民共和国应急管理部森林消防局直接管理的森林消防队伍，也是森林消防队伍中唯一一支机动力量。支队下辖 6 个大队共约 1300 人。

2. 森林消防局大庆航空救援支队

航空救援支队是森林消防局直接管理的重要航空救援力量，是森林消防队伍执行综合性应急救援任务的"尖刀"和"拳头"，是航空应急救援领域的"主力军""国家队"。森林消防局大庆航空救援支队 2019 年 12 月 31 日挂牌成立，是大庆市乃至东北三省唯一一支空中救援力量。主要承担黑龙江省大小兴安岭林区巡护、火情观察、机降灭火、索降灭火、空投空运、火场急救、吊桶灭火以及上级赋予的临时性应急救援任务(见图 5.11)。

图 5.11　森林消防局大庆航空救援支队的直 8-A 灭火直升机

3. 森林消防局昆明航空救援支队

森林消防局昆明航空救援支队 2019 年 12 月 31 日挂牌成立，是应急管理部森林消防局直接管理的森林消防队伍，原为武警森林指挥部直升机支队二大队，具备全时执行应急救援任务的能力。队伍的建立填补了森林消防队伍航空救援力量在西南地区的空白，实现了南北方各有一个航空救援支队覆盖重点、辐射全国的目标。为云南乃至整个西南地区各族人民群众生命和财产安全保驾护航，为构建国家应急救援航空体系探索前行(见图 5.12)。

图 5.12　森林消防局昆明航空救援支队挂牌仪式

4. 内蒙古自治区森林消防总队

内蒙古自治区森林消防总队驻地位于呼和浩特市，2019年12月30日挂牌成立，主要承担我国北疆森林草原生态、安全屏障和中俄、中蒙边境火堵截任务，守护着我国唯一一片集中连片未开发的原始森林——内蒙古大兴安岭，是具备机降作战和装甲灭火作战能力的专业队伍(见图5.13)。

图5.13　内蒙古自治区森林消防总队整装待发

5. 吉林省森林消防总队

吉林省森林消防总队驻地位于长春市，2019年12月31日挂牌成立，主要承担吉林省森林草原生态安全任务。在全力抓好专项防火行动、靠前驻防、前置备勤、"五进"等防范化解风险措施的同时持续发挥森林草原防灭火联动模式的作用，坚持在勤力练兵备战上下硬功，在抓好战备演练和实战化训练上下实功，确保召之即来、来之能战、战之必胜(见图5.14)。

图5.14　吉林省森林消防总队队员在比武中

6. 黑龙江省森林消防总队

黑龙江省森林消防总队驻地位于哈尔滨市，由原黑龙江省公安消防总队转制组建，2019

年 12 月 29 日挂牌成立，下辖 13 个支队，分布在黑龙江省 13 个市，承担着保卫黑龙江全省生态安全、粮食安全、能源安全、生产安全的重任(见图 5.15)。

图 5.15　黑龙江省森林消防总队装甲车灭火实战中

7. 福建省森林消防总队

福建省森林消防总队驻地位于福州市，2019 年 12 月 30 日挂牌成立，在应急管理部和省委省政府的领导下，主要承担闽粤赣等省的森林和草原火灾扑救、抢险救援、特种灾害救援等综合任务，负责指挥调度相关救援行动，参与重要会议、大型活动消防安全保卫工作，负责森林和草原火灾预防、消防监督执法以及火灾事故调查处理等相关工作(见图 5.16)。

图 5.16　福建省森林消防总队组织灭火演练

8. 四川省森林消防总队

四川省森林消防总队驻地位于成都市，由原 2002 年建队的四川省公安消防总队转制而来，于 2019 年 12 月 30 日挂牌成立，下辖 4 个支队、14 个大队和 30 个中队，及驻重庆市分队。主要承担四川省、重庆市等森林和草原火灾扑救，抢险救援、特种灾害救援等综合性应急性救援任务，负责指挥调度相关救援行动，参与重要会议、大型活动消防安全保卫工作。承担森林和草原火灾预防、监督执法以及火灾事故调查处理等相关工作。负责森林消防队伍综合性应急救援预案编制、战术研究和执勤备战、训练演练等工作。负责森林消防安全宣传教育，组织指导社会森林和草原消防力量建设。负责森林消防应急救援专业队伍规划、建设与调度指挥，参与组织协调各类社会力量参与救援任务。负责森林消防队伍建设与管理。完成应急管理部与所在省(区、市)党委政府交办的相关任务。转制以来，由生态劲旅、灭火先锋向火灾、地震、山岳、水域等综合救援力量转型升级(见图5.17)。

图5.17　四川省森林消防总队

9. 甘肃省森林消防总队

甘肃省森林消防总队驻地位于兰州市，2019年12月27日挂牌成立，其前身是2008年6月26日组建的武警甘肃省森林总队。2018年，根据中央改革部署，武警森林部队集体退出现役，成建制划归应急管理部，组建国家综合性消防救援队伍。主要承担陕甘宁等省、自治区的森林和草原火灾扑救、抢险救援、特种灾害救援等综合任务，负责指挥调度相关救援行动，参与重要会议、大型活动消防安全保卫工作。负责森林和草原火灾预防、消防监督执法以及火灾事故调查处理等相关工作(见图5.18)。

图5.18　2019年12月27日甘肃省森林消防总队挂牌仪式现场

10. 云南省森林消防总队

云南省森林消防总队驻地位于昆明市，2019年12月31日挂牌成立，其前身是空降兵15军改编的原林业部直属机降支队，1993年12月从黑龙江大兴安岭调防云南，1996年10月扩建为总队，1999年2月转隶武警部队，2018年10月转隶应急管理部。下辖5个支队、2个直属大队和1个训练大队。主要承担云贵等省的森林和草原火灾扑救、抢险救援、特种灾害救援等综合任务，负责指挥调度相关救援行动，参与重要会议、大型活动消防安全保卫工作。负责森林和草原火灾预防、消防监督执法以及火灾事故调查处理等相关工作。入滇30年来，总队累计动用兵力50万余人(次)，完成了3600余起森林火灾扑救、1.4万余次执勤和179次抢险救援任务(见图5.19)。

图5.19　2019年12月31日云南省森林消防总队挂牌仪式现场

11. 新疆维吾尔自治区森林消防总队

新疆维吾尔自治区森林消防总队驻地位于乌鲁木齐市，2019年12月26日挂牌成立，主要承担防范新疆地区重大安全风险，处置各类灾害事故的职责，下辖巴音郭楞蒙古自治州森林消防支队、伊犁哈萨克自治州森林消防支队、阿勒泰地区森林消防支队(见图5.20)。

图5.20　新疆维吾尔自治区森林消防总队圆满完成跨省机动驻防任务

12. 西藏自治区森林消防总队

西藏自治区森林消防总队驻地位于拉萨市，2019 年 12 月 31 日挂牌成立，主要承担西藏自治区及周边地区防火灭火和地震救援、抗洪抢险等综合救援任务。职能任务由森林防火灭火向综合性应急救援任务拓展，下辖昌都市森林消防支队、林芝市森林消防支队(见图 5.21)。

图 5.21　西藏森林消防总队特勤大队开展防火防灾宣传

第六章 专业性兼职救援队

6.1 专业性兼职应急救援队概述

专业性兼职救援队是兼职处理自然或人为突发公共事件的技术性专业队伍。

专业性兼职救援队既有专业化属性，又有社会化属性。

目前，在城乡火灾消防救援领域，我国一些单位和社区建有志愿消防队，是群防群治力量，可归为兼职消防队员，也可归为社会化应急救援队伍。

在安全生产领域建立了危化兼职救援队、矿山兼职救援队等。在自然灾害领域建有地震兼职救援队、森林防灭火兼职救援队、防汛抗旱兼职救援队等。

此外，NGO(Non-Governmental Organizations，非政府组织)救援队伍发展也十分迅速，但他们划归社会化救援力量，不在本书讲述范围。

通常，专业性兼职救援队由基层政府、有关部门、企事业单位和群众自治组织组建而成。

《中华人民共和国突发事件应对法》《防震减灾法》《防洪法》《安全生产法》等相关配套法规制度和规范性文件，确认了兼职应急救援人员的社会地位。

《安全生产法》第七十九条规定："危险物品的生产、经营、储存单位以及矿山、金属冶炼、城市轨道交通运营、建筑施工单位应当建立应急救援组织；生产经营规模较小的，可以不建立应急救援组织，但应当指定兼职的应急救援人员"。

2019 年 4 月 1 日起施行的《生产安全事故应急条例》第十条规定：易燃易爆物品、危险化学品等危险物品的生产、经营、储存、运输单位，矿山、金属冶炼、城市轨道交通运营、建筑施工单位，以及宾馆、商场、娱乐场所、旅游景区等人员密集场所经营单位，应当建立应急救援队伍；其中，小型企业或者微型企业等规模较小的生产经营单位，可以不建立应急救援队伍，但应当指定兼职的应急救援人员，并且可以与邻近的应急救援队伍签订应急救援协议。

《煤矿安全规程》规定：不具备设立矿山救护队条件的煤矿企业，所属煤矿应当设立兼职救护队，并与就近的救护队签订救护协议；否则，不得生产。

《矿山救援规程》规定：生产经营规模较小、不具备单独设立矿山救援队条件的矿山

165

企业应设立兼职救援队。

上述法律法规确认了兼职应急救援人员的社会地位。

专业性兼职救援队与专职救援队的任务有所不同，能够在防范和应对事故灾害等方面发挥就近优势，在相关应急指挥机构组织下开展先期处置，组织群众自救互救，参与抢险救灾、人员转移安置、维护社会秩序，配合专职应急救援队伍做好各项保障。

专业性兼职救援队的日常业务技能训练要围绕任务有针对性地开展，不能"眉毛胡子一把抓"只求大而全，要把有限的精力用在实处，要精而专。要正确把握兼职救援队的职责定位，要分清与专职救援队的不同，有侧重地按照职责任务要求开展好业务学习和救援技能训练。切实提高自身履行职责的能力，实现战时能上、上时能用、用有效果，确保接警后及时有效开展事故的先期处置，协助专职救援队完成各类灾害事故应急救援工作。

截至 2021 年年底，全国有兼职矿山救援指战员 2.78 万余人，危化兼职救援指战员 5.12 万余人，防汛兼职救援指战员超过 20 万人。

此外，基层聘用了许多地震灾害信息员、气象灾害信息员、地质灾害群测群防员、森林草原消防灭火网格员等兼职应急信息员队伍，但是这些队伍目前数量不详。

保守估计，全国专业性兼职救援队伍人数达到 27.9 万余人。

6.2　安全生产兼职应急救援队

6.2.1　矿山兼职救援队

矿山兼职救援队(part-time rescue brigade team)是由符合矿山救护队员身体条件，能够配用氧气呼吸器的矿山骨干工人、工程技术人员和管理人员兼职组成，协助专职矿山救护队处理矿山事故的组织。

矿山兼职救援队任务如下：

(1) 引导和救助遇险人员脱离灾区，协助专职矿山救护队积极抢救遇险遇难人员。

(2) 做好矿山安全生产预防性检查工作，控制和处理矿山初期事故。

(3) 参加需要配用氧气呼吸器作业的安全技术工作。

(4) 协助矿山专职救护队完成矿山事故救援工作。

(5) 参与审查、贯彻实施矿山应急救援预案，协助矿山搞好安全生产和消除事故隐患的工作。

(6) 协助做好矿山职工自救与互救知识的宣传教育工作。

《矿山救援规程》对矿山兼职救援指战员要求如下：

(1) 矿山兼职救援指战员必须经过救护理论及技术技能培训，并经考核取得合格证后，方可从事矿山救援工作。

(2) 矿山兼职救援队员岗位资格培训时间不少于 45 天(180 学时)，每年至少复训一次，时间不少于 14 天(60 学时)。

(3) 兼职救护队每季度至少进行一次配用呼吸器的单项演习训练。

由于矿山兼职救援队员平时都有自己的主要职业，所以他们的训练模拟化和实战化的训练强度难以达标。加之兼职救援队员平时可投入的时间不是很充足，导致了训练很难集中开展，特别是开展特种业务训练之间的协同演练，可能会影响应急救援能力的提升。而且对于一些基础的训练，比如以抢救生命为主的侦察搜救、紧急排险基本技能、施救方法的技术战术训练，摔伤砸伤、烧伤、中毒、溺水等现场紧急救护训练，以及对复杂的化工、有毒、有害、洞室、隧道、易燃易爆等特殊灾害的抢险救援处置战术训练等等训练力度和时间可能都远远不够，因此，"十四五"期间，必须加强矿山兼职救援人员的能力建设。

截至 2021 年年底，全国建有矿山兼职救援队 2854 支，矿山兼职救援指战员 2.78 万余人。

6.2.2 危化兼职救援队

"先期处置、自救互救、协助救援"是危化兼职救援队伍的基本功能定位。

危化兼职救援队大多依托大型企业、工业园区、公安消防应急救援力量而建设，危化兼职救援队员主要来自危险化学品生产储运企业。危化兼职救援队必须配备专家人才和特殊装备器材，必须强化应急处置技战术训练演练，提高危险化学品泄漏检测、物质甄别、堵漏、灭火、防爆、输转、洗消等应急处置能力。

截至 2021 年年底，全国危化兼职救援指战员为 5.12 万余人。

6.3 自然灾害兼职应急救援队

现有的自然灾害兼职救援队伍多以依托职能部门建立的救援抢险队伍以及各个社区层面平安志愿者、消防志愿者等为主，队伍种类和数量很多。

"十三五"期间，我国大力推进了基层应急队伍建设，依托地方优势救援力量和民兵等，在大部分地区完成了"专兼结合、一队多能"的兼职应急队伍建设，加强了通信等装备配备和物资储备。大力发展了地震灾害信息员、气象灾害信息员、地质灾害群测群防员、森林草原消防灭火网格员等兼职应急信息员队伍。

广大基层干部群众通过接受培训，有组织地参与危险源、隐患点的监测和预防，捕捉自然灾害前兆，迅速发现险情，及时预警，组织群众疏散转移，减少人员伤亡和经济损失，成为应急"第一响应人"。

6.3.1 防汛兼职救援队

"十三五"期间，防汛抢险救援任务平时主要承包给一些工程公司，汛情期间抽调兼职防汛队增援。截至 2021 年年底，有 6 个省的兼职防汛队伍数量超过 100 支，其中浙江省 225 支，江西省 136 支，辽宁省 124 支，江苏省 122 支，福建省 112 支，广东省 111 支。每支省级防汛兼职救援队人数在 100～300 人之间。保守估计，截至 2021 年年底，我国防汛兼职救援队伍超过 20 万人。

"十四五"期间，我国将建设抗洪抢险工程救援力量。依托应急管理部自然灾害工程救援基地，以及水利水电、建筑施工、港航领域大型企业，在洪涝灾害高风险区域，建设国家和区域性自然灾害工程应急救援队伍，进一步强化动力舟桥、挖装支护、排水救援、清淤清障、路桥抢通等特种救援装备配备，形成重大洪涝灾害工程救援攻坚能力。地方应急管理部门依托辖区内防汛兼职抢险队伍、抗旱排涝服务队伍、工程施工企业等应急资源，配备抗洪抢险常规装备物资，确保遇有险情第一时间实施救援。

6.3.2　森林草原消防灭火兼职救援队

森林草原消防灭火兼职救援队主要任务如下：

(1) 加强林区、草原火源管理工作，为林区、草原安全提供保障。

(2) 加强宣传教育工作，积极引导和鼓励群众提高生态安全意识。

(3) 承担所在地区森林草原火情早期处理和防灭火任务。

森林草原消防灭火兼职救援队广泛分布于全国各市县和林草经营单位，数量多，分布广，发挥着"森林护卫队"的重要作用。

这支队伍目前数量不详。

6.3.3　地震灾害兼职救援队

《中华人民共和国突发事件应对法》第十四条规定：中国人民解放军、中国人民武装警察部队和民兵组织依照本法和其他有关法律、行政法规、军事法规的规定以及国务院、中央军事委员会的命令，参加突发事件的应急救援和处置工作。

我国依托军队、武警、民兵等力量建立了地震灾害兼职救援队伍。2008年四川汶川地震之后，中国修订了《中华人民共和国防震减灾法》和《国家地震应急预案》，社会化力量扩充到地震灾害兼职救援队伍体系。

目前这支队伍数量缺乏明确统计。

在整个应急救援体系和应急救援保障体系中，应急救援装备是保证救援工作顺利进行和救援队员人身安全的重要保障。

救援队员个人救援能力包括专业知识、业务技能、身体素质、心理素质、战斗精神和救援装备水平等六个方面，救援装备水平直接关系到救援队员个人的专业能力的高低，决定着应急救援模式和效率。"工欲善其事，必先利其器"(见图7.1)。

"十三五"期间，中央财政支持建设了91支1.97万余人的国家级安全生产专业性应急救援队伍，配备有大功率潜水泵、大口径钻机、高喷消防车、水上消防船、无人机等先进救援装备，成为应对重特大生产安全事故的主力军。

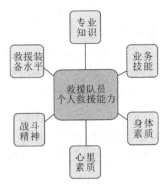

图7.1 救援队员个人救援能力构成因素

7.1 专业性应急救援用装备概述

7.1.1 我国专业性应急救援用装备现状

1. 应急救援装备种类繁多，各自为战

我国应急管理体制经历了从1949到2003年的分散应对时期，2003～2018年的分类集中应对时期。这种分灾种的事故灾害应对模式，造成了应急管理各自为战的现象。应急救援装备的分类同样如此，不同灾种的救援队伍各有不同的装备分类方式，比如：消防部门将装备分为5大类，森林消防将装备分为10大类，地震部门将装备分为8类，安全生产部门将危险化学品救援装备分为12类，矿山救援将救援装备分为7类。

2. 标准少

我国的应急救援装备种类繁多，但装备的标准相对较少。目前，在众多的应急救援队伍中，只有消防队伍具有明确的装备配备标准，如《消防员个人防护装备配备标准》《城市消防站建设标准》《乡镇消防队标准》《森林消防专业队伍建设和管理规范》等。对于其他灾种救援队伍，尚无国家层面的装备配备和队伍建设标准。危险化学品救援队伍目前有《危险化学品单位应急救援物资配备要求》，其中所述的救援物资包含装备，但这只是对企业队伍的要求，在法律上并不包含国家危险化学品应急救援专业队伍。因此，亟待完善装备配备标准，明确各种类型的救援队装备配备的种类和数量，指导专业救援队的建设。

3. 名称不统一

不同灾种的应急救援方法有所不同，但装备却可以是相同的，尤其是消防、地震、危险化学品、矿山等行业的救援装备存在较大的通用性。目前，在我国的应急救援装备体系建设中，存在不同灾种管理部门对同一种装备重复制定标准，甚至名称不统一的现象。如液压破拆工具，消防部门制定了《消防液压破拆工具组》，地震部门制定有《地震救援装备检测规程液压动力工具》，虽然前者是产品标准，后者是检测规程，但这种名称的不统一为相互的交流带来了困难和麻烦。因此，不同灾种的主管部门应加强沟通和协调，注重不同灾种装备标准体系之间的互通，对同一种装备，采用相同的专业术语，不重复制定类似的标准。

4. 良莠不齐

自然灾害省级救援队的救援装备还算齐全，市级也还算可以，但到县这一级别就缺得比较多了，如营救装备中的破拆装备，半数以上的县级救援队仅有低功率电动冲击镐和手动敲击锤，功率稍微大点的凿岩机、汽油破碎机等装备匮乏程度比较严重，并且，像消耗性器材，如链锯的链条、液压油，个人装具的手套、战靴，动力照明装备的电瓶等，大部分的县级救援队做不到即耗即补、即损即补。

安全生产救援队中，国家队购置的装备大多科技含量较高，不少装备是首次为救援队配备，对管理和使用人员提出了很高的要求。虽然装备已到位，但后续的以新装备、新技术为主要内容的救援训练、培训和演练工作等还没有跟上。

在矿山应急救援保障体系中，应急管理部矿山救援中心负责救援装备体系建设。国家级矿山救援基地负责储备高技术、重点救援装备，省级矿山救援基地和企业矿山救援队负责储备常规救援装备，国家矿山排水装备中心负责储备各种矿井排水装备。根据不同的事故类型，各救援队配备了不同类型的救援设备。针对水灾事故，配备了排水救灾设备、矿用潜水泵。火灾事故配备了快速密闭及喷涂机。瓦斯、煤尘爆炸事故配备了正压送风机、排风机、便携式矿井气体爆炸三角形测定仪。顶板事故配备了井下轻型救灾钻机、井下快速成套支护装备。在车辆使用方面，补充了救援宿营车、生活保障车。在灾区侦查方面，研发了生命探测仪、蛇眼探测仪等先进设备。在运输吊装方面，开发了多功能集成式救援装备保障车，多功能集成式充气、发电、照明车。在侦查方面，开发了便携式矿用本安探测机器人、便携式高灵敏度红外热像仪、矿用本安型雷达生命探测仪、防爆探地雷达、便携式气相色谱仪、远距离灾区环境侦测系统、远距离炸药探测仪、瞬变电磁仪等。这些先进设备的开发，大大提高了矿山救援工作的成功率。

国家队项目招标采购的全部装备均达到了目标要求，特别是德国的里茨深井潜水电泵和宝峨地面大口径救生钻机、美国的安捷伦便携式气相色谱仪、荷兰的荷马特破拆与支护装备、日本的井下轻型钻机和国内相关厂家生产的仿真模拟演练系统、多功能集成式装备

保障车、井下便携式应急通信指挥系统等装备，基本代表了现阶段国内外矿山事故应急救援装备的先进水平。卫星通信指挥车、救援宿营车、野外生活保障车、矿井救灾排水装备等，也都是经过长时间运行或实战检验的成熟产品。

7.1.2 应急救援装备分类

从宏观角度对应急救援装备进行科学分类，制定总的应急救援装备产品目录和对各类救援队伍装备配备提出指导性的意见是应急救援工作中的重大课题。

不同灾种的救援队伍配备的应急救援装备如下：

(1) 消防救援装备：车辆装备类(消防车)，消防枪炮及供水器具类(消防枪/炮)，侦检类(可燃气体探测仪、有毒气体探测仪、军事毒剂侦测仪、生命探测仪、热敏成像仪)，抢险救援类(泵、排烟机、破拆工具)，通信类和个人防护类(头盔、防护服、防坠落装备、呼吸器)。

(2) 森林消防救援装备：个人防护类(扑火服/头盔/手套/鞋/面罩/防护镜)，扑火机具类(灭火机、消防泵、割灌机/油锯、发电机、蓄/水油设备)，野营类(背包、帐篷、睡袋、防潮垫、指南针、急救包、炊具、太阳能板等)，扑火工具类(灭火枪/弹、点火器)，通信类，发电照明类，定位观测类。

(3) 矿山救援装备：个人防护类，处理各类矿山灾害事故的专用装备与器材类，仪表类(气体检测分析仪、温度仪、风量检测仪)，通信及信息采集与处理类，医疗急救类，交通运输类、训练器材类。

(4) 危化品救援装备：车辆类、侦检类、个体防护类、警戒类、通信、输转类、堵漏类、洗消类、破拆类、排烟照明类、灭火类、救生类。

(5) 地震救援装备：通信类、侦察检验类、搜索定位类、营救类、动力照明类、医疗急救器械类、个人装具类、救援车辆类。

综上所述，专业性应急救援队应急装备种类主要分为如下 6 类，即个人防护类、破拆支护类、侦测搜救类、车/艇/机类、工程机械类和通信指挥类(见图 7.2)。

科学技术是第一生产力，科技的发展和国家相关部门对应急管理的持续不断的资金投入促进了应急救援装备技术水平的不断提高，以下各节讲述现代应急救援装备。

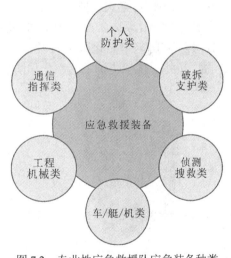

图 7.2 专业性应急救援队应急装备种类

171

7.2 现代个人防护类应急救援装备

个人防护类装备是指救援指战员为防御物理、化学、生物等外界因素伤害所穿戴、配备和使用的应急救援用品。在辨识现场危险的有害因素后，应针对危害选择相适应的防护装备。

个人防护类应急救援装备按防护部位分为以下 10 大类：

(1) 头部护具类：用于保护头部、防撞击、挤压伤害的护具。

(2) 呼吸护具类：按防护用途分为防尘、防毒和供氧 3 类，按作用原理分为净化式、隔绝式 2 类。

(3) 眼(面)护具类：保护指战员的眼(面)部，防止异物、紫外光、电磁辐射、酸碱溶液的伤害。

(4) 听力护具类：降低噪声、保护听力的有效措施。

(5) 防护手套类：保护手和臂。

(6) 防护鞋类：保护足部免受各种伤害。

(7) 防护服类：保护指战员免受救援环境中物理、化学和生物因素的伤害，分为特殊防护服和一般作业服 2 类。

(8) 护肤用品类：对指战员裸露皮肤进行保护。

(9) 防坠落护具类：保护登高指战员，防止坠落，这类护具分为安全带和安全网 2 类。

(10) 其他防护类：基于有些产品尚不能归于防护部位的原因而设立的门类，例如水上救生圈、救生衣等。

1. 防化服

防化服是最常用的个人防护类装备之一，根据不同的材质、使用环境、防护等级等多方面因素，按类型一般分为气密型和非气密型两种类型；按防护等级一般划分为 A、B、C、D 四级。

A 级防护服(内置式重型防化服)是现有的最高级别的防护服，能够防护呼吸、皮肤眼睛等，包括全封闭化学防护服、内层和外层化学防护手套、化学防护靴、硬帽(见图 7.3)。

B 级防护服(轻型防化服)属于中级别的防护服，但呼吸防护、皮肤防护稍差，包括防溅服、内层和外层化学防护手套、化学防护靴、硬帽(见图 7.4)。

图 7.3　内置式重型防化服

图 7.4　轻型防化服

C 级防护服和 D 级防护服(简易型防化服)属于低级别的呼吸防护服，包括全面罩空气过滤呼吸器化学防护服、内层和外层化学防护手套、化学防护靴、硬帽。

2. MKF-0101 型消防避火服

青岛某科技公司研发的 MKF-0101 型消防避火服主要用于消防员短时灭火作业或危化品关阀作业,由双层绝热高硅氧玻璃纤维、耐火纤维布、耐火碳纤维毡、隔热防火层、隔热层、舒适层等 7 层材料组成,具有耐火、隔热性能。该款耐高温避火服主要包括上衣、裤子、头罩(配置镀金大视窗)、手套和避火靴(内含隔热鞋)等。MKF-0101 型消防避火服重 11.8 kg,有3 种规格尺寸可供选择,能够承受 1000℃的火焰温度(见图 7.5)。

3. PBI Matrix 型灭火防护服

PBI Matrix 型灭火防护服,俗称"黄金战衣",是消防人员个人防护装备,以金色为主色,包括 1 件灭火衣和 1 条灭火裤。每套价值约 7000 元人民币,重 3.9 公斤,能抵御 1093℃火燃烧 8 s(见图 7.6)。

防护衣及防护裤由三层物料组成,包括 PBI Matrix及 GORE-TEX Airlock 等隔热防水物料。外层有阻燃及

图 7.5 MKF-0101 型消防避火服

抗高温效能,具有高拉力和抗撕裂力。中间夹层能阻止水和化学液体进入衣服,但同时让空气及汗水排出外面。最内层有阻燃及抗高温效能。

图 7.6 PBI Matrix 型灭火防护服

此外,该灭火防护服配有呼救器,当消防员静止不动超过 30 s,呼救器就会发出警报,战友听到警报声就会立刻前来救援(见图 7.7(a)),灭火防护服后颈还有一个拖救护带子,当消防员在灭火救援时昏倒急需撤离时,战友就会用背后的这个带子将受伤的战友拖到安全区域(见图 7.7(b))。

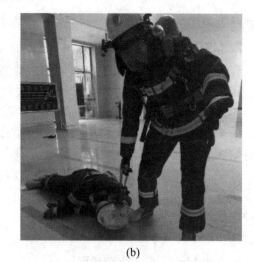

(a)　　　　　　　　　　　　　　　　　(b)

图 7.7　灭火防护服呼救器和拖救护装置

4. 高压大容量空气呼吸器

高压大容量空气呼吸器又称为贮气式防毒面具，有时也称其为消防面具。它以压缩气体钢瓶为气源，但钢瓶中盛装的气体为压缩空气。高压大容量空气呼吸器主要用于消防指战员以及相关人员在处理火灾、有害物质泄漏、烟雾、缺氧等恶劣作业现场进行火源侦察、灭火、救灾、抢险和支援。

使用高压大容量空气呼吸器时，打开气瓶阀门，空气经减压器、供气阀、导气管进入面罩供人员呼吸，呼出的废气直接经呼气阀门排出。由于其不需要对呼出废气进行处理和循环使用，所以结构比氧气呼吸器简单。高压大容量空气呼吸器的工作时间一般为30～360 min，根据呼吸器型号的不同，防护时间的最高限值有所不同。

国内普遍使用的 30MPa/6.8L 高压大容量空气呼吸器的储气量约为 1854 L，在火场中实际使用时间较短。国内某公司将高压大容量空气呼吸器的额定工作压力提高至 40 MPa，储气量增至 2266 L，能够延长消防员在火场中的防护时间 22%(见图 7.8)。

图 7.8　40 MPa 高压大容量空气呼吸器

5. 北斗智能腕表

北斗智能腕表专为断路、断网、断电(以下简称"三断")极端条件下应急救援定制的全球最小型北斗短报文终端(见图7.9)。该腕表具有北斗三号的定位授时和短报文通信能力,同时集成了心率、血氧、体温等生命体征监测功能,在内置小型化天线、节能管理、北斗卫星发射机3项设计上取得了技术突破,可实现"三断"环境下通过北斗卫星发送紧急求助信息,也可连接手机,具体性能参数见表7.1。

图 7.9　北斗智能腕表

表 7.1　北斗智能腕表性能参数

续航时间	息屏待机时间≥24 个月;求救信息连续发送时间≥30 小时
RDSS 发射成功率	≥95%
RDSS 发射次数	≥100 次
防水等级	IP67
工作温度	−20 ～ 60℃
存储温度	−40 ～ 70℃

7.3　现代破拆支护类应急救援装备

7.3.1　支护装备

某新型成套支护装备利用手动液压泵提供支撑动力源,可在任意倾斜角度下快速支护,可支撑高度范围为0.5～4 m。在支撑高度为2 m的情况下,单柱支撑力不小于10 t,可支撑60 m² 安全区域或搭建30 m双排支撑安全通道,便于救援人员和设备安全快速通过(见图7.10)。

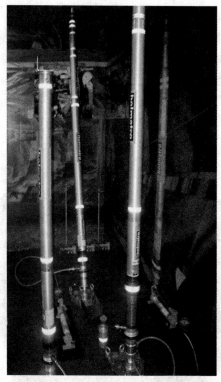

图 7.10　某新型成套支护装备

7.3.2　破拆装备

在针对钢筋混凝土进行破拆时，最早使用的是气镐和电镐。破拆时，利用镐头将混凝土击碎露出钢筋，然后剪断钢筋并掰弯，包裹尖锐的断面以防伤人。在使用气镐和电镐时会产生大量粉尘，使作业环境较为恶劣，同时还会造成破拆时间长，救援人员体力消耗大等弊端，因而引入了液压破拆工具。液压破拆工具主要采用切割方式，减少了破拆震动，避免了二次坍塌，虽然在气镐和电镐的基础上有了较大优化，但缺点也很明显。液压破拆工具的缺点：一是液压工具工作时间不能过长，油箱发热后需要冷却才能继续工作，从而延长了救援时间。二是液压动力站不能离切割点太远(最多 15 m)，携行困难，对救援现场和环境要求较高。

目前在建筑物坍塌现场的钢筋混凝土切割破拆中更多使用的工具是高频救援破拆工具。该工具具备切割、钻孔等功能，在救援中展现了安全、高效的特点和优势，被称作为救援需求而生的破拆利器。高频救援破拆工具的主要特点有：动力大、可更换机头、可应急供电、不受空间限制、便于携带、可进行远程诊断和维护、防水。高频救援破拆工具的出现使钢筋混凝土破拆具有了最优解决方案。

1. 某全能型破拆工具

某全能型破拆工具具有电动化 + 轻量化 + 操作简单化 + 功能化的特点，符合中国特色的破拆救援工作。

全能型破拆工具采用精密液压设计，静音环保，力量强大。扩张器增配"鳄鱼嘴刀头"，更方便破拆汽车、建筑物等，提高救援效率(见图7.11)。剪断器的刀片经过特殊加工，能够快速剪切汽车AB柱、剪断Ø32 mm钢筋不迸溅，无任何冲击力(见图7.12)。泵机可以360°自由旋转，并有90°、180°、270°、360°四个支撑点位，解决了传统工具单一的工作角度在狭小空间时无法调整的难题，提高了工具操控的灵活性。

图7.11 配"鳄鱼嘴刀头"的某全能型破拆工具

图7.12 某全能型破拆工具剪切汽车AB柱、Ø32 mm钢筋

2. 派特(Pentheon)系列破拆工具

派特(Pentheon)系列破拆工具包含下面几款救援工具：(1) PCU50倾斜剪切钳；(2) PSP40扩张器；(3) PTR50伸缩式顶杆；(4) PCT50剪扩两用钳；(5) 淬火钢切割器(见图7.13)。

该破拆工具内置的专利机电系统可以不断优化电机和泵的设定，确保在全压力范围内提供最大的油流量，救援过程中通过双模式控制手柄能够随时切换高速和低速。剪切钳30°倾斜刀片设计可以提供更大操作空间。扩张器、剪断器、剪扩器、顶杆控制系统为大拇指拨挡操作，有正、反挡和空挡，使用方便和安全。淬火钢切割器能够将淬火钢筋切断。整套工具可以直连1台24 kg静音发电机，持续不断提供动力。远距离救援破拆时，静音发电机也可以通过连接50 m卷盘连接整套工具，为长距离救援提供动力保障。

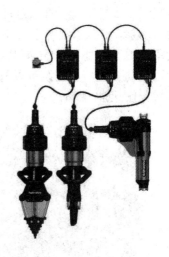

图7.13 派特(Pentheon)系列破拆工具

3. 美国力鹰Power HawkP-16便携式多功能破拆一体机

美国力鹰Power HawkP-16(以下简称P-16)是一款集剪切、扩张、撑顶、牵拉等功能于一体的攻坚型便携式多功能强力破拆一体机。不同于其他破拆救援工具，该机采用非液压全电力驱动，在破坏现场、空难救援、消防救援、车辆事故救援、坍塌救援、野外救援、

狭窄空间救援、强行进入和无人操作等情况下都可完成既定任务。

(1) 可互换的扩张器、切割机和组合工具附件。P-16 救援工具可以在短短几秒钟内从扩张器、切割工具变为组合工具。独有的直剪刀头反向扩张技术，机头可旋转 70°。目前有 5 个工具附件可供选择，还可添加新开发的工具附件。

(2) 可选多种 12 V 电源供电。主要电源包括 Power Hawk 便携式电池组，如 PWR-12MP和 PWR-Lil6，还可选用新型超轻锂离子电池组 LIPK-16CL-GHTATTACK PACKTN。新电池组工作时间长，重量仅 4.5 磅(约 2 kg)，融合了 Earthxg 技术，可快速充电(充电时间从几分钟到 2 h 以内)，在适当的存储条件下，电量可以保存一年。新电池组包括 PWR-Lil6C 电池组、BC-Lil6 电池充电器和 SLPK-L680 背包，增强了电源组的便携性。其他备用电源获取方便，可选择 12 V 车载电瓶(通过跨接电缆或车辆线束套件)、发电机和电源。

同时可使用 Power Hawk 电池组操作辅助工具和设备，如密尔沃基切割器、圆锯、RamFan 鼓风机、灯、绞车等。

(3) 旋转动力头。P-16 具有获得专利的旋转动力头，可以在狭窄的位置和弯角处进行扩张、切割和破碎作业。这使得它可以进入其他救援工具无法到达的地方并完成任务。

4. 多功能高效救援帮手——水陆两用破拆工具组

水陆两用破拆工具组既可以满足陆地上的突发事件的救援要求，还可以完成水下 100 m内的车辆、船舶及飞机等复杂状况的水下救援任务。在深水中操作时，配备的浮力装置可以保证工具的相对浮力与灵活性。两栖电动泵通过电控操作手柄来控制，同时其内置浮力装置可以保持动力泵在水里自然悬浮，方便救援人员水下操作。在陆地上操作时，与常规液压破拆工具一样通过油管连接可快速展开救援。该款破拆工具组包含 1 台水陆两用电动泵，1 台水陆两用剪断器，1 台水陆两用剪扩器，1 台水陆两用扩张器，1 台水陆两用撑顶器及 1 台水陆两用双级撑顶器。该破拆工具组的水陆两用电动泵是可以在水下使用的动力源，电动泵可以与工具连接，从而在深水作业时完成金属物的切割、扩张等救援工作(见图 7.14)。

图 7.14　水陆两用破拆工具组

7.4　现代侦测搜救类应急救援装备

1. 便携式气相色谱仪

便携式气相色谱仪是"十三五"期间，国家安全生产应急救援中心为国家级安全生产专业性应急救援队配备的装备。该装备外观小巧，内部精致，灵敏度高，性能稳定，即可作为实验室精密分析仪器，又可到现场检测、在线检测。还可分析 H_2、O_2、N_2、CH_4、CO、CO_2 等 12 种气体浓度，一次进样检测时间小于 120 s，精度达 1ppm(见图 7.15)。

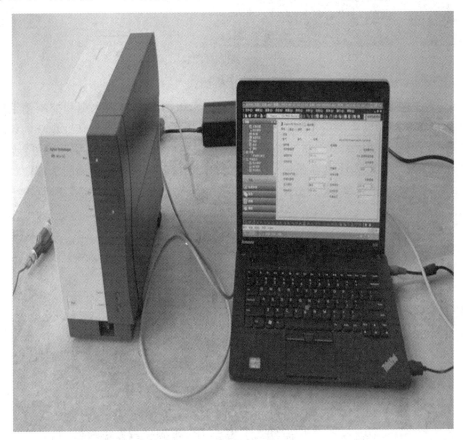

图 7.15　便携式气相色谱仪

2. 蛇眼探测仪

蛇眼探测仪是国家安全生产应急救援中心为国家级安全生产专业性应急救援队配备的装备。蛇眼探测仪是一种搜索仪器，学名叫"光学生命探测仪"，是利用光反射进行生命探测的。

仪器的主体柔韧，像通下水道用的蛇皮管，能在瓦砾堆中自由扭动。仪器前面有一个细小的小探头，可深入极微小的缝隙探测，类似摄像仪器，将信息传送回来，救援队员利用观察器就可以把瓦砾深处的情况看得清清楚楚。该探测仪最大传输距离为 90 m，连续工作时间不少于 90 min(见图 7.16)。

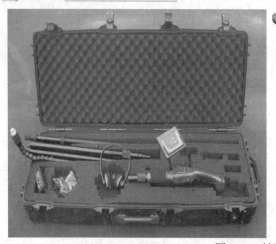

图 7.16 蛇眼探测仪

3. COBRA-1 型眼镜蛇一号车载灭火救援机器人

COBRA-1 型眼镜蛇一号车载灭火救援机器人由机器人平台、水炮和控制箱组成，重60 kg，可以放置在消防车的隔舱内，方便携带，可替代救援人员抵近作业现场。该款机器人的水炮额定流量是 30L/s，在 0.8 MPa 的水压下，射程可以达到 40 m，消防员可以在 200 m 距离以外操作，该机器人还可以在执行任务过程中运输 20 kg 的物品(见图 7.17)。

图 7.17 COBRA-1 型眼镜蛇一号车载灭火救援机器人

4. 消防巡检处置机器人

消防巡检处置机器人采用 4 鳍臂机构及控制技术，在阶梯场景、非结构化道路或泥泞受破坏环境皆可行动自如，具备全地形通过能力。实现对现场环境的超前侦测、快速侦测、定位建图、紧急处置、自组建网、生命探测。解决当前应急处置作业中的侦测滞后、定位不准、现场通信中断破坏等问题。

该款机器人拥有防爆、阻燃抗静电、火源寻迹、一键召回、自主巡检、自组网通信等性能，可代替消防员进入高温、易燃、有毒有害、易坍塌等危险环境实施火源精准扑救、环境快速侦查等，有效保障人员安全(见图7.18)。

图 7.18　消防巡检处置机器人

5. 橙鲨系列自主水下航行器 AUV

橙鲨系列中/小型水下无人自主航行器 AUV 结构紧凑，搭载能力强，水动力性能优，能源效能高，作业范围广。配备专用布放回收系统，操控平台集成地图模块，操控性强，操作简单。应用"DVL+INS(光纤/激光)+GPS/BD"组合方案，实现设备自主导航，可依据应用场景，进行不同精度等级定制，比较适合水下安防和水下搜索(见图7.19)。

图 7.19　中型无人自主航行器 AUV 布放中

6. 越障高手——蛇形搜救机器人

重大地震灾害发生后，在倒塌建筑物内快速定位被困人员位置是一个大难题。新型蛇形机器人可通过喷射空气抬高配备摄像头的前端部分，穿越较高障碍物在废墟内部展开搜索。救援人员可以通过其顶部摄像头拍摄并回传的画面，快速发现被困人员并确定具体位置，展开营救。该款蛇形机器人全长约 8 m，直径约 5 cm，使用柔软材料制成软管状，重约 3 kg。由振动马达轻轻振动覆盖表面的尼龙纤毛驱动前进。另外，装有可观察狭窄空间环境的摄像机(能动瞄准镜摄像机)的前端可向下后方喷射空气，最大可跨越 20 cm 的台阶。

尼龙纤毛驱动制动器通过振动马达获得前进方向的驱动力，可以在不破坏机器人灵活性的情况下，稳稳地侵入狭小地区。空气喷射上浮机构通过控制喷射方向的主动喷嘴，产生上浮、推进、控制方向的力。通过空气喷射垂直方向的力，帮助机器人跨越台阶。左右切换空气喷射方向以及向前端施加横向力，可帮助控制机器人方向。前端浮力切换方向，可帮助机器人环顾四周，全面了解瓦砾下的情况。蛇形机器人结构特点有很大的优势，有望扩大灾害发生时的搜索范围(见图 7.20)。

图 7.20　蛇形搜救机器人

7.5　现代车/艇/机类应急救援装备

7.5.1　车类救援装备

1. 多功能集成式装备保障车

多功能集成式装备保障车是国家安全生产应急救援中心为国家级安全生产专业性应急救援队配备的车辆，用于装载和运送应急救援所需的各种救援装备和仪器仪表。在灾害发

生时，能将各种救援装备器材迅速运至事故现场，满足快速响应和快速参与救援的要求。

该车主要由底盘，车厢，车厢自装卸系统，车载装备电器系统及辅助设备设施等构成，厢体尺寸为 5 m × 2 m × 1.8 m，准载质量为 5 吨(见图 7.21)。

图 7.21　多功能集成式装备保障车

2. 救援宿营车

救援宿营车是国家安全生产应急救援中心为国家级安全生产专业性应急救援队配备的车辆，设 12 个上下铺位和 1 个会议桌，装有淋浴(卫生间)、多媒体、双供电、空气调节系统等设施，能够满足 12 人的住宿、阅读、写作，具有舒适的就寝环境及齐全的卫生设施(见图 7.22)。

图 7.22　救援宿营车

3. 野外生活保障车

野外生活保障车是国家安全生产应急救援中心为国家级安全生产专业性应急救援队配备的车辆，在汽车底盘的基础上加装专用设施改装而成，可同时加工 100 人/餐饭菜，为救援队指战员在执行外出救援任务时不受气候、地域影响，提供健康卫生生活保障(见图 7.23)。

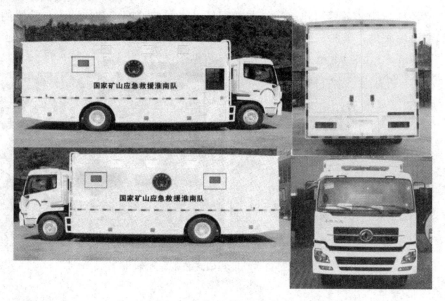

图 7.23　野外生活保障车

4. 全地形救援车

全地形救援车针对山岳、沙漠、地震与水涝等场景而开发，全时四驱能够应付各类复杂路面，最大涉水深度为 1.5 m(见图 7.24)。

图 7.24　全地形救援车

全地形救援车以一汽解放 MV3 4×4 底盘为基型车进行改装，全独立悬挂，门式独立传动，配 AMT 半自动变速器。采用一汽锡柴 CA6DL2-35E3R 柴油机，直列六缸形式，排量 8.6 L，最大输出功率为 350 马力(约 25.7 kW)，最大扭矩为 1500 N·m。轮胎采用三角牌、型号为 TRY 66 的越野花纹胎，尺寸达到了 395/85 R20。大块花纹能够保证足够的抓地力，再配上拖拽力强大的 T-MAX 绞盘，可以进一步增加车辆野外脱困与救援能力。

全地形救援车驾驶室与器材箱之间，装有一个折叠式的 SPK6500 随车吊。最大吊载质量为 3200 kg，最大作业幅度为 7.6 m，配备翻转支腿，性能可靠，整车可搭载多种救援设备(见图 7.25)。

图 7.25 装有随车吊的全地形救援车

5. JY915-P 多功能无线遥控清障车

JY915-P 多功能无线遥控清障车采用无人驾驶模式，仅需一个遥控器操控便可快速进入各类危险救援现场，执行挖掘、清障、破拆、灭火，以及灾难现场远程监测等各类远程应急救援作业，避免二次灾害对人工救援造成的安全威胁(见图 7.26)。

图 7.26 多功能无线遥控清障车

整车双臂作业，配置多路摄像头、检测仪器以及多套救援装置，可进行远距离无线遥控，最远遥控距离达 5 km，依靠车载环境监测系统，还可以对救援现场氧气浓度、可燃性气体和环境温度等信息进行实时监测，为后续救援提供精准数据分析。

6. 20 m 高空救生通道消防车

20 m 高空救生通道消防车主要用于应对高空环境密集人群疏散的快速应急救援，具有人员营救和消防灭火双重功能。

该款消防车身搭载着 1.5 m 宽的天梯，天梯材料采用异形截面高强度结构钢，展开以后是由一节节楼梯组成的通道，展开时间小于 4 min。在救援中，无须人员引导，受困人员就可有序撤离，同时乘载 100 人逃生，每分钟可以撤离 60 人，满足 20 m 以上高度救援作业(见图 7.27)。

图 7.27　20 米高空救生通道消防车

同时该款消防车还可进行灭火作业，用水灭火射程最远可达 45 m，用泡沫灭火剂灭火射程可达 40 m。

7. ET120 型步履式挖掘机

ET120 型步履式挖掘机具有高度的集成性和场地适应性，在高海拔、山地、林地、沟壑、沼泽、隧道等地带仍可如履平地，可满足救援现场复杂环境下的各种应急需要。同时可以搭载不同工作机具，实现挖掘、灭火、伐木、切割、破碎、钻孔、剪切、打桩等多种作业功能，在雪崩、地震、滑坡等灾害现场进行各种应急救援工作(见图 7.28)。

图 7.28　ET120 型步履式挖掘机

该款挖掘机底盘采用多自由度轮履复合式结构，4 条步行腿爬坡能力达到 45°，可跨越 4 m 壕沟，轻松越过 2.5 m 的垂直障碍，涉水深度可达 2 m，能够到达其他设备难以到达的区域，甚至在 4500 m 高海拔、零下 40℃ 的极限环境下也能胜任。不仅可以在普通环境下作业，在陡峭的山坡、水网、沼泽、林地等复杂环境也可以自如地作业。通过专用控制软件、CAN 总线技术和可编程控制器对电液系统进行集成，可将车况信息进行收集和管理。应用电液集成操纵手柄，实现了操作的简单化和人性化。该款挖掘机配置动臂下落自动保护装置、底盘支腿油缸液压锁、最大起重力矩限制安全阀和报警装置等，可防止设备在使用中管路损坏带来的意外危险。平台倾角传感器可及时提示操作中平台倾覆风险。陡坡作业时，可选装液压绞盘作辅助牵引保护。配有 7 路液压动力接口，可快速连接液压破碎锤、液压抓斗、液压绞盘等，实施破碎、抓举和救援作业。可为液压钻机、液压振动铲、液压剪等多种液压机具提供液压动力，完成钻孔、凿岩和混凝土破碎、松土等作业。

8. LUF-60 型灭火雪炮车

LUF-60 型灭火雪炮车是一种专门用于隧道、地铁灭火救援的消防辅助装备，具有爬坡、气流排烟、水雾喷射、带水推进等特殊功能。

该款车主要由一辆小型履带车(或称小坦克)和一门高压雪炮(风力水炮)组成，总重 2 t，由柴油发动机提供动力，时速可达 40 km (见图 7.29)。

图 7.29　LUF-60 型灭火雪炮车

该款车具有灭火力量和坦克般的越障能力，履带式底盘能适应复杂地形，可以爬上大约 30° 斜角的楼梯或斜坡，甚至是越过一些障碍物和沟渠进入火场。车上搭载一个可调节角度的鼓风扇，通过 360 个喷嘴喷出射程超过 60 m 的水雾，而喷射泡沫时距离约为 35 m。

当火灾发生时，该款车通过一个加强泵可将系统水压提高到 1.2 MPa，出口处可达 2 MPa，高压雪炮在其尾部大力风轮的协助下，把大量的水变成雪暴般的高压雾化水流直接喷向着火点。由于高压雾化水滴极小，因而极大地增加了灭火水的表面积，大量水分急速气化，吸走了大量的燃烧时产生的热能，使得火灾减弱或熄灭及环境温度迅速降低。同时，高压气流也使该车变成了一个大力排烟机，1 h 可排 25×10^4 m^3 的浓烟，风速可达每小时 165 km，为灭火进攻提供辅助。

7.5.2 艇类救援装备

1. M75型"守护者"安防救援无人艇

M75型"守护者"安防救援无人艇具有自主规划、自主航行能力，该款艇配备了控制系统、传感器系统、通信系统和救援系统，可以用于执行危险以及不适于有人船只执行的搜索、救助、探测等多种任务(见图7.30)。

图7.30　M75型"守护者"安防救援无人艇

该款艇可对落水人员进行搜寻、锁定和跟踪，可抛投应急救生装备。同时，该艇搭载光电吊舱，可实时回传高清水面视频，一键锁定可疑目标，支持15 km远距离点对点通信，即使被海浪翻转也可以自行扶正，能适应高海况作业，其性能参数见图7.31。

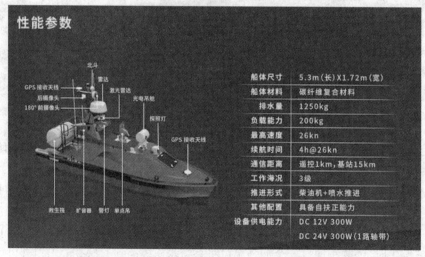

图7.31　M75型"守护者"安防救援无人艇性能参数

2. 空气动力艇

该款空气动力艇是国家安全生产应急救援中心为国家级安全生产专业性应急救援队配备的装备。空气动力艇泛指使用空气螺旋桨推进的小型船艇，为减少吃水深度采用平底宽体结构，并且动力和转向均在水面之上。除常规水域外，该艇还可在湿地、沼泽、滩涂边缘的浅水，以及水草丛生水域或非连续水域、大雪封路等常规船艇和车辆无法正常行驶的区域均能使用，非常适合在例如洪涝灾害中的搜救救援、特殊区域的人员物资运送等方面使用(见图 7.32)。

图 7.32　空气动力艇

3. 沿海型消防船

沿海型消防船为单体船，采用钢铝混合结构，总长 42 m、船宽 9 m、总吨位 453 t、航速 15 节，续航力 600 n mile，共设 4 台消防水炮。该船可搭载船员 9 人，消防员 20 人。主要用于扑灭初期火灾和油类火灾(见图 7.33)。

图 7.33　沿海型消防船

7.5.3 机类救援装备

1. P580 重载无人机

P580 重载无人机包括无人飞行平台、一体式地面站、远程管理平台、30 倍变焦云台相机、红外热成像仪，主要用于事故灾害现场的侦测和视频采集(见图 7.34)。

图 7.34　P580 重载无人机

P580 载无人机主要技术参数：

(1) 六旋翼以上(六旋翼以上才具有断桨保护功能)，全手工操作，无需任何工具；

(2) 轴距大于 1500 mm；

(3) 标准载荷情况下续航时间不小于 65 min；

(4) 抗风能力不低于 6 级，采用弯臂上翘设计，提高抗风能力和整机效率；

(5) 最大载荷不小于 11 kg；

(6) 机身、云台防雨设计；

(7) 最大飞行速度：20 m/s；

(8) 相对飞行高度：3000 m；

(9) 不低于 50 h 可靠性试验飞行；

(10) 可满足不低于 6000 m 海拔高度起飞使用；

(11) 黑匣子记录功能：无人机应具有黑匣子记录功能，可通过机载存储设备自动记录飞行数据，记录时间不低于 20 h；

(12) 无人机应支持 GPS 和北斗两种导航模式；

(13) 具有断桨保护功能；

(14) 具有大小机臂互换功能，可另配一套小桨，用于应急突发事件，方便携带；

(15) 无人机具有火点定位显示功能；

(16) 图传距离：≥10 km，实现高清 HD1080P 图像传输；

(17) 最大续航里程：不低于 22 km；

(18) 安全性要求：具有充电器接口的设备泄漏电流应符合 GB16796—2009 中的要求；防过热应符合 GB16796—2009 中的阻燃要求；

(19) 抗干扰性能：对 GB/T17626.3 中严酷等级 3 级的射频电磁场辐射具备适应性，干扰停止后自行恢复，不需要操作者干预；

(20) 双冗余安全功能：无人机应具有 2 套飞控和 2 套传感器设计，当主飞控或主传感器故障时可自动切换成冗余飞控和传感器工作；

(21) 无线数据链：符合国家标准，频率 845 MHz；

(22) 低延时无线图传：高清图传，COFDM 制式，1080P 图传分辨率，500 mW 发射功率，端到端延时低于 300 ms；

(23) 可预留接口支持外挂喊话器、投放装置、投弹装置、空中中继、探照灯等多种模块。

2. SkyCells 系留式无人机

SkyCells 系留式无人机可以在 200 m 左右空中长时间定点悬停，特别适合为灾区提供应急通信服务，利用空中载荷平台进行无线信号的覆盖和中继，也可进行视频采集。

SkyCells 系留式无人机通常由无人机平台、载荷平台、地面系留平台、遥控器、地面站、地面设备等部分组成(见图 7.35)。

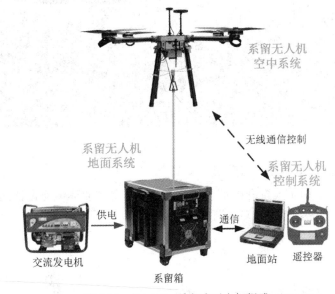

图 7.35　SkyCells 系留式无人机组成

3. "鲲龙" AG600 两栖飞机

大型灭火/水上救援水陆两栖飞机"鲲龙" AG600(简称 AG600 飞机)，是我国为满足森林灭火和水上救援的需要，自主研发的大型特种用途民用飞机，也是国家应急救援体系和自然灾害防治体系建设急需的重大航空装备。

AG600 飞机机长 38.9 m，翼展 38.8 m，机高 11.7 m，最大起飞重量 60 t，最大载水量 12 t，最大实用航程大于 4000 km/h，巡航速度 480 km/h，最小平飞速度 220 km/h。采用大长宽比单断阶船体机身、悬臂上单翼、T 形尾翼、前三点可收放式起落架的水陆两栖飞机典型布局形式，选装 4 台国产涡桨 6(WJ-6)发动机。采用双驾驶体制，具有载重量大、航程远、续航时间长的特点(见图 7.36)。该机的起飞重量与国产运-八运输机属于一个量级，在目前世界各国现役型号中是起飞重量最大的，也是中国首次按照民用适航标准研制的大型特种飞机，特别适合森林灭火和海上搜救救援。AG600 飞机在执行森林灭火任务时，可在 20 s 内汲水 12 t，并能在水源与火场之间多次往返汲投水灭火。在执行水上救援任务时，飞机最低稳定飞行高度 50 m，可在水面停泊实施救援行动，一次最多可救护 50 名遇险人员。

图 7.36　"鲲龙"AG600 两栖飞机

4. 隼-10 便携应急电动无人直升机

隼-10 便携应急电动无人直升机是一款专门针对恶劣作业环境而设计的无人机，具有高机动性、折叠机身、智能避障、多载荷搭配等特点，可满足公安、防务、侦察、边防、海洋、高原、山区等复杂环境作业任务需求(见图 7.37)。

图 7.37　隼-10 便携应急电动无人直升机

该款无人直升机配备新一代飞控系统、降压模块、图数一体传输模块、双天线(GNSS、

RTK)定位定向等系统模块,智能操控,通过手持式地面站规划航线全自主飞行。可以实现 15 km 实时高清图传。利用链路中继技术,可保证飞机在远距离飞行的时候,图像和数传都不会中断。开放式机腹,配备快拆通用挂架,可实现多元化任务载荷,如吊舱、喊话器、抛投器、警灯等。可装配 2 个摄像头,使用双屏分开操作,其性能参数见表 7.2。

表 7.2　隼-10 便携应急电动无人直升机性能参数

外观尺寸/mm	1655(长) × 565(宽) × 580(高)
折叠后尺寸/mm	865(长) × 315(宽) × 360(高)
最大起飞重量/kg	25
最大载重/kg	7
抗风性能/级	7
工作温度/℃	−10～+55
飞行高度/m	5100
巡航速度/(km/h)	60～90
最长巡航时间/min	50

5. 应急救援空中力士——SG500 大型双旋翼无人直升机

SG500 大型双旋翼无人直升机采用纵列双旋翼结构布局,旋翼折叠后占用空间小,运输方便,任务载荷不受起落架干扰(见图 7.38)。由于没有单旋翼直升机的尾桨消耗功率,载重能力更大,且在较低桨盘载荷下可得到最佳性能。纵向重心范围大、悬停效率更高,具备同载荷下桨盘直径更小的优势。抗侧风能力强,在大风环境下仍有较大的控制余度。而且飞行控制原理接近多旋翼无人机,操作简单。SG500 大型双旋翼无人直升机可广泛应用于山区和岛礁运输投送、森林火灾、通信等场景。SG500 大型双旋翼无人直升机性能参数见表 7.3。

图 7.38　SG500 大型双旋翼无人直升机

表 7.3　SG500 大型双旋翼无人直升机性能参数

项　目	性　能　参　数
飞机构型	纵列双旋翼
轴距	3 m
空机重量	300 kg
最大起飞重量	500 kg
有效载荷	200 kg(含燃油)
最大速度	150 km/h
巡航速度	120 km/h
最大爬升率	5.0 m/s
航程	300 km
航时	2.5 h
抗风等级(作业状态)	不小于 10 m/s
抗风等级(空机悬停状态)	7 级
使用升限	6000 m
使用环境温度	−30～+50℃
过载能力	−0.5～+2.0G
高原性能(海拔 4250 m)	最大起飞重量：420 kg 有效载荷：120 kg(含燃油)

6. 翼龙-2H 应急救灾型无人机

　　翼龙-2H 应急救灾型无人机是航空工业为应急管理部打造的应急通信国家力量，可以进行空中侦察和应急通信保障任务，可定向恢复 50 km^2 的移动公网通信，建立覆盖 15 000 km^2 的音视频通信网络。针对灾区"三断"情况，通过融合空中组网、高点中继等技术，实现图像、语音、数据上下贯通横向互联(见图 7.39)。

图 7.39　翼龙-2H 应急救灾型无人机

7.6 现代工程机械类应急救援装备

工程机械应急救援装备主要承担着"抢修道路,打通灾区生命线;清理废墟,搜救被困人员;开辟泄流通道,排除次生灾害"任务。

1. 全路面汽车起重机

全路面汽车起重机是国家安全生产应急救援中心为国家级安全生产专业性应急救援队配备的重型工程机械,是一种兼有汽车起重机和越野起重机特点的高性能产品(见图7.40)。它既能像汽车起重机一样快速转移、长距离行驶,又可满足在狭小和崎岖不平或泥泞场地上作业的要求,具有行驶速度快,多桥驱动,全轮转向,三种转向方式,离地间隙大,爬坡能力高等功能,最大提升力180(220、350)t。

图 7.40 全路面汽车起重机

2. RB-T90 型地面大口径救生钻机

RB-T90 型地面大口径救生钻机是国家安全生产应急救援中心为国家级安全生产专业性应急救援队配备的重型工程机械。井下事故发生后,首先施工小直径生命通道孔为被困人员提供生命支持,然后施工大口径钻孔并使用载人救援提升装备将被困人员提升至地面。地面钻孔救援可有效避开大面积巷道坍塌区域、防止救援过程中遭遇二次事故、救援效率高。RB-T90 型地面大口径救生钻机是一种液压驱动、快速移动、拖车式、超单程型深井钻机。提升系统由一个中央双行程单缸组成,可进行回拉和下推作业。配置自动处理系统,无需手动操作即可完成钻杆和套管作业,提高了操作人员安全性(见图7.41)。

图 7.41　RB-T90 型地面大口径救生钻机

RB-T90 钻机最大转矩为 36 000 N·m，最大提升力为 90 t，钻探深度为 700 m，钻孔直径为 700 mm。

在 2015 年 12 月 25 日山东平邑石膏矿事故救援中，RBT90 钻机在救援钻孔施工中得到成功应用。在 2021 年山东栖霞金矿事故救援中，RBT90 钻机参与了救援行动(见图 7.42)。

图 7.42　RB-T90 型地面大口径救生钻机参与事故救援

3. 钻孔提升系统

钻孔提升系统是国家安全生产应急救援中心为国家级安全生产专业性应急救援队配备的重型工程机械。在井下事故发生后，可使用载人救援提升装备将被困人员提升至地面。提升舱直径为 50 cm，以 2 m/s 匀速提升，提升长度为 1500 m(见图 7.43)。

图 7.43　钻孔提升系统

4. 120 米水平钻机

FS-120CZ 型大口径水平钻机是国家安全生产应急救援中心为国家级安全生产专业性应急救援队配备的重型工程机械。利用钻机特有的钻具穿透隧道塌方体，在抽出钻具后利用套管打通逃生通道，被困人员可以从此通道撤离。钻孔长度 120 m，套管直径 500 mm。

5. 带机械臂的救援灭火机器人

带机械臂的救援灭火机器人配备细水雾排烟机 2 门，排烟量达 60 000 m³/h，风速达 45 m/s，细水雾射程大于 35 m，可进行正负压排烟、细水雾灭火、降温、除霾、除尘等。另外还配有进口消防水炮一门，消防泡沫炮一门，消防水炮流量达 80 L/s，射程达 80 m，可开花、直流喷射，且流量自动可调。泡沫炮流量为 64 L/s，射程大于 60 m。还可拖曳总长 300 m DN80 充水水带前进。该款机器人拥有 5 自由度机械手臂，可抓举 200 kg 重物，五齿抓手抓取直径为 950 mm，用于搬运油桶及其他危险物转移等。还可快速换装破碎锤用于破拆，50 L 的柴油箱保证全功率连续行驶 5 h。具有两盏高亮度氙气前大灯、红蓝爆闪灯等，满足夜间救援作业需求。可选配远程视频监控、远程有毒有害气体监测、远程环境监测等功能。该款机器人采用 78 kW 的空冷柴油发动机，液压履带式行走底盘，可原地转向，爬坡度达 35°(见图 7.44)。

197

图 7.44　带机械臂的救援灭火机器人

6. 隧道关门塌方事故救援重器——救援盾构机

该款救援盾构机是一种用于山岭隧道、矿洞坍塌等灾害救援用的特种设备，能实现 50 m 内快速打通一条直径约 960 mm 的救援逃生通道。通过对已有的灾害救援的调研分析，结合盾构机的技术原理进行可行性分析，按照安全快速救援的原则，采用可伸缩式刀盘结构设计、高强度螺旋叶片式钻轴、钢管套顶推系统，掘进速度约 5 m/h。配备的随车吊、钻杆钻头等零部件均可自由拆卸，更便于设备运输和安装。机器长 11.5 m、宽 2.5 m、高 3.2 m，整体重量仅 55 t。无线遥控＋触摸屏手动控制。操作人员可实现站在安全距离，操控掘进机通过履带以每分钟 6～10 m 的行走速度、15°的爬坡角度爬行到事故坍塌面(见图 7.45)。

图 7.45　救援盾构机

7.7 现代指挥通信类应急救援装备

1. 双模卫星通信便携站

国产双模卫星便携站整机采用一体化设计，内置波导阵列平板卫星天线、国产卫星调制解调器、BUC(调制放大)、LNB(解调放大)、电池及电源管理等核心部件(见图 7.46)，表7.4 为多模卫星通信便携站性能参数。

SC310 天通宽带便携终端

SC310天通宽带便携终端，采用一体化设计，具有天通卫星通信功能和TD-LTE数据通信功能。可采用二线电话或蓝牙拨号器方式拨号。数据业务接入采用Soft AP方式，集成WiFi和以太网口。整机轻巧便携、采用三防设计，适应恶劣环境下使用。

图片传输

视频传输

轻巧便携

SOS一键求生

GPS、北斗定位

全新优化设计

图 7.46 国产双模卫星便携站

表 7.4 卫星便携站性能参数

设备重量	手动版：不大于 6 kg；自动版：不大于 8.5 kg
设备尺寸	手动版：不大于长 385 mm × 宽 315 mm × 高 60 mm；自动版：不大于长 385 mm × 宽 315 mm × 高 120 mm
续航时间	小于 1.5 h
开通时间	≤3 min
对星方式	手动或自动
等效口径	0.35 m
最大输出功率	16 W/42 dBm
防护等级	≥IP67

2. 国产卫星通信终端

T900+天通智能旗舰卫星通信终端是基于天通卫星打造的双卡双待智能终端，同时支持天通 1 号卫星网络和七模全网通地面移动网络，可以在城市公网、野外无网环境中自由切换网络，保证通信，适用于应急救援场景，其外观及基本参数见图 7.47。

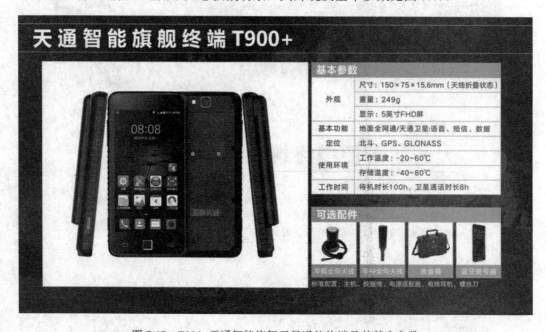

图 7.47 T900+天通智能旗舰卫星通信终端及其基本参数

3. 动中通卫星通信指挥车

动中通是"移动中的卫星地面站通信系统"的简称。通过动中通系统，车辆、轮船、飞机等移动的载体在运动过程中可实时跟踪卫星等平台，不间断地传递语音、数据、图像等多媒体信息，可满足各种军民用应急通信和移动条件下的多媒体通信的需要。

动中通卫星通信指挥车很好地解决了车辆在运动中通过地球同步卫星，实时不断地传递语音、数据、高清晰的动态视频图像、传真等多媒体信息的难关，是通信领域的一次重大的突破，特别适合应急救援(见图 7.48)。

图 7.48　"动中通"卫星通信指挥车

4. 便携式宽窄融合应急通信指挥系统

便携式宽窄融合应急通信指挥系统采用"公网与专网融合、宽带与窄带融合、有线与无线融合、通信与指挥调度融合"的方式实现事故灾难现场、前方救援指挥部与后方国家各级指挥中心之间的语音通信、视频通信、视频监控、紧急广播、短彩信、视频会商、用户管理等功能。井下设备均为防爆设计，所有设备均为便携式、低功耗，可在井下全黑环境、没有外部供电、没有公网信号情况下独立工作，打通前指与灾区现场之间的"最后一公里"生命信息通道，为矿山事故灾难救援提供先进装备支撑(见图 7.49)。

201

图 7.49　便携式宽窄融合应急通信指挥系统

第八章 专业性应急救援队伍能力建设

应急救援是一项技术要求极高，时间限制性极强，同时带有一定危险性的工作，救援队伍及其指战员必须具备一定的救援能力，因此救援队伍的能力建设是应急管理工作的一项重要内容。

专业性应急救援队伍的能力包括应急准备能力、应急响应能力和恢复重建能力等 3 部分；而救援指战员的个人能力则由其专业知识、业务技能、身体素质、心理素质、战斗精神和救援装备水平等 6 个基本要素构成。

那么，在"十四五"期间乃至更长时期，如何进行专业性应急救援队伍能力建设呢？

8.1 专业性应急救援队伍能力建设原则

"十四五"期间，我国专业性应急救援队伍能力总体建设原则应参考以下几个信息。

(1) 2018 年 3 月，《国务院机构改革方案说明》指出：我国是灾害多发频发的国家，为防范化解重特大安全风险，健全公共安全体系，整合优化应急力量和资源，推动形成统一指挥、专常兼备、反应灵敏、上下联动、平战结合的中国特色应急管理体制，提高防灾减灾救灾能力，确保人民群众生命财产安全和社会稳定。方案提出，将国家安全生产监督管理总局的职责，国务院办公厅的应急管理职责，公安部的消防管理职责，民政部的救灾职责，国土资源部(现自然资源部)的地质灾害防治、水利部的水旱灾害防治、农业部(现农业农村部)的草原防火、国家林业局(现林业和草原局)的森林防火相关职责，中国地震局的震灾应急救援职责以及国家防汛抗旱总指挥部、国家减灾委员会、国务院抗震救灾指挥部、国家森林防火指挥部的职责整合，组建应急管理部，作为国务院组成部门。其主要职责是，组织编制国家应急总体预案和规划，指导各地区各部门应对突发事件工作，推动应急预案体系建设和预案演练。建立灾情报告系统并统一发布灾情，统筹应急力量建设和物资储备并在救灾时统一调度，组织灾害救助体系建设，指导安全生产类、自然灾害类应急救援，承担国家应对特别重大灾害指挥部工作。指导火灾、水旱灾害、地质灾害等防治。负责安全生产综合监督管理和工矿商贸行业安全生产监督管理等。

(2) 习近平 2016 年 7 月唐山调研考察讲话关于防灾减灾救灾的论述：要总结经验，进一步增强忧患意识、责任意识，坚持以防为主、防抗救相结合，坚持常态减灾和非常态救

灾相统一，努力实现从注重灾后救助向注重灾前预防转变，从应对单一灾种向综合减灾转变，从减少灾害损失向减轻灾害风险转变，全面提升全社会抵御自然灾害的综合防范能力。要着力从加强组织领导、健全体制、完善法律法规、推进重大防灾减灾工程建设、加强灾害监测预警和风险防范能力建设、提高城市建筑和基础设施抗灾能力、提高农村住房设防水平和抗灾能力、加大灾害管理培训力度、建立防灾减灾救灾宣传教育长效机制、引导社会力量有序参与等方面进行努力。

(3) 2019 年 11 月在中共中央政治局第十九次集体学习时，习近平强调：要健全风险防范化解机制，坚持从源头上防范化解重大安全风险，真正把问题解决在萌芽之时、成灾之前。要加强风险评估和监测预警，加强对危化品、矿山、道路交通、消防等重点行业领域的安全风险排查，提升多灾种和灾害链综合监测、风险早期识别和预报预警能力。要加强应急预案管理，健全应急预案体系，落实各环节责任和措施。要实施精准治理，预警发布要精准，抢险救援要精准，恢复重建要精准，监管执法要精准。要坚持依法管理，运用法治思维和法治方式提高应急管理的法治化、规范化水平，系统梳理和修订应急管理相关法律法规，抓紧研究制定应急管理、自然灾害防治、应急救援组织、国家消防救援人员、危险化学品安全等方面的法律法规，加强安全生产监管执法工作。要坚持群众观点和群众路线，坚持社会共治，完善公民安全教育体系，推动安全宣传进企业、进农村、进社区、进学校、进家庭，加强公益宣传，普及安全知识，培育安全文化，开展常态化应急疏散演练，支持引导社区居民开展风险隐患排查和治理，积极推进安全风险网格化管理，筑牢防灾减灾救灾的人民防线。要加强应急救援队伍建设，建设一支专常兼备、反应灵敏、作风过硬、本领高强的应急救援队伍。要采取多种措施加强国家综合性救援力量建设，采取与地方专业队伍、志愿者队伍相结合和建立共训共练、救援合作机制等方式，发挥好各方面力量作用。要强化应急救援队伍战斗力建设，抓紧补短板、强弱项，提高各类灾害事故救援能力。要坚持少而精的原则，打造尖刀和拳头力量，按照就近调配、快速行动、有序救援的原则建设区域应急救援中心。要加强航空应急救援能力建设，完善应急救援空域保障机制，发挥高铁优势构建力量快速输送系统。要加强队伍指挥机制建设，大力培养应急管理人才，加强应急管理学科建设。要强化应急管理装备技术支撑，优化整合各类科技资源，推进应急管理科技自主创新，依靠科技提高应急管理的科学化、专业化、智能化、精细化水平。要加大先进适用装备的配备力度，加强关键技术研发，提高突发事件响应和处置能力。要适应科技信息化发展大势，以信息化推进应急管理现代化，提高监测预警能力、监管执法能力、辅助指挥决策能力、救援实战能力和社会动员能力。

(4) 清华大学薛澜教授的文章《应急管理体系新挑战及其顶层设计》：到 2025 年，建成统一指挥、专常兼备、反应灵敏、上下联动、平战结合的应急管理体制，形成统一领导、权责一致、权威高效的应急管理体系。

(5)《"十四五"国家应急体系规划》总体目标：到 2025 年，应急管理体系和能力现代化建设取得重大进展，形成统一指挥、专常兼备、反应灵敏、上下联动的中国特色应急管理体制，建成统一领导、权责一致、权威高效的国家应急能力体系，防范化解重大安全风险体制机制不断健全，应急救援力量建设全面加强，应急管理法治水平、科技信息化水平和综合保障能力大幅提升，安全生产、综合防灾减灾形势趋稳向好，自然灾害防御水平明显提升，全社会防范和应对处置灾害事故能力显著增强。到 2035 年，建立与基本实现现代化相适应的中国特色大国应急体系，全面实现依法应急、科学应急、智慧应急，形成共建共治共享的应急管理新格局。

(6)《"十四五"应急救援力量建设规划》总体目标：到 2025 年，规模适度、布局科学、结构合理、专长突出的应急救援力量体系基本建成，实现专业应急救援力量各有所长，社会应急力量有效辅助，基层应急救援力量有效覆盖，为人民群众生命财产安全提供坚强保障。

(7)《"十四五"国家综合防灾减灾规划》总体目标：到 2025 年，自然灾害防治体系和防治能力现代化取得重大进展，基本建立统筹高效、职责明确、防治结合、社会参与、与经济社会高质量发展相协调的自然灾害防治体系。力争到 2035 年，自然灾害防治体系和防治能力现代化基本实现，重特大灾害防范应对更加有力有序有效。

"十四五"专业性应急救援队伍发展建设要从"法制、体制、机制"等多方面进行。

8.2 "十四五"专业性应急救援队伍能力建设措施

1. 逐步完善有关应急管理的法律法规及标准体系

应急管理法律体系，应当包括法律、条例、行政法规及部门规章、地方性法规及规章制度等。

运用法律手段，制定应急救援装备的技术标准，应急救援工程建设标准等。

(1) 2022 年 1 月 6 日，应急管理部部长黄明签署中华人民共和国应急管理部令第 8 号：《应急管理部关于修改〈煤矿安全规程〉的决定》已经 2021 年 8 月 17 日应急管理部第 27 次部务会议审议通过，现予公布，自 2022 年 4 月 1 日起施行。

(2)《便携式宽带应急通信系统总体技术要求和测试方法》全文正式发布。该标准(标准号：GB/T40686—2021)于 2021 年 10 月 11 日正式发布，自 2022 年 2 月 1 日起实施。该标准是在联盟标准《便携式宽带应急通信系统技术要求》(编号：ECIA LB/0001—2017)基础之上立项成为国家标准。

(3) 应急管理部科技和信息化司 2022 年 3 月 24 日公开征集《应急指挥无线宽带自组网标准规范》编制单位。

(4) 安全生产行业标准《煤矿井下人员定位系统通用技术条件》。

(5) 中华人民共和国行业标准《灾害事故现场音视频装备采集和传输技术规范》。

(6) 应急管理部 2022 年 9 月 19 日公布公告 2022 年第 6 号，批准以下 6 项应急管理行业标准，自 2022 年 12 月 18 日起施行，它们是：

① YJ/T 1.1—2022 社会应急力量建设基础规范第 1 部分：总体要求；

② YJ/T 1.2—2022 社会应急力量建设基础规范第 2 部分：建筑物倒塌搜救；

③ YJ/T 1.3—2022 社会应急力量建设基础规范第 3 部分：山地搜救；

④ YJ/T 1.4—2022 社会应急力量建设基础规范第 4 部分：水上搜救；

⑤ YJ/T 1.5—2022 社会应急力量建设基础规范第 5 部分：潜水救援；

⑥ YJ/T 1.6—2022 社会应急力量建设基础规范第 6 部分：应急医疗救护。

(7) 中华人民共和国应急管理部科技和信息化司 2019 年 5 月发布《应急指挥信息化与

通信保障能力建设规范》。

(8) 中兴通讯股份有限公司(公共安全总工尘福通)《应急指挥一体化指挥调度平台业务流程及标准规范 V1.0》。

(9) 2020 年 11 月 10 日应急管理部发布 2020 年第 6 号公告，批准以下 22 项应急管理行业标准(标准文本见附件)，自 2021 年 5 月 1 日起施行，其中涉及事故灾害应急救援的标准有。

① 10. XF/T 3001-2020 水域救援作业指南；

② 11. XF/T 3002-2020 搜救犬训导员职业技能要求；

③ 12. XF/T 3003-2020 火灾调查车装备通用技术要求。

(10) 2021 年 1 月 6 日，北京市 10 个重点行业领域专业应急救援队伍建设团体标准在全国团体标准信息平台和北京市安全生产联合会官方网站正式发布，并于 2021 年 2 月 1 日起正式实施。10 项团体标准的制定出台，对道路桥梁、建筑工程、危险化学品、防汛排水、通信保障、电力保障、燃气安全、突发环境事件、供热保障、水域等 10 个重点行业领域专业应急救援队伍建设作了具体规范，填补了本市 10 个重点行业领域专业应急救援队伍规范化建设的空白，从顶层设计的角度，推动有效解决队伍分布不均衡、制度不完善、人员结构不合理、管理模式不清晰、教育培训不到位、训练演练不规范、装备配备不全面等问题，对加强专业应急救援队伍规范化、标准化、专业化建设具有指导意义。

① T/BJWSA 0001-2020 道路桥梁专业应急救援队伍建设规范；

② T/BJWSA 0002-2020 危险化学品专业应急救援队伍建设规范；

③ T/BJWSA 0003-2020 电力保障专业应急救援队伍建设规范；

④ T/BJWSA 0004-2020 燃气安全专业应急救援队伍建设规范；

⑤ T/BJWSA 0005-2020 供热保障专业应急救援队伍建设规范；

⑥ T/BJWSA 0006-2020 防汛排水专业应急救援队伍建设规范；

⑦ T/BJWSA 0007-2020 通信保障专业应急救援队伍建设规范；

⑧ T/BJWSA 0008-2020 突发环境事件专业应急救援队伍建设规范；

⑨ T/BJWSA 0009-2020 建筑工程专业应急救援队伍建设规范；

⑩ T/BJWSA 0010-2020 水域专业应急救援队伍建设规范。

"十四五"期间，我国将加快完善安全生产法配套法规规章，推进制修订应急管理、自然灾害防治、应急救援组织、国家消防救援人员、矿山安全、危险化学品安全等方面法律法规，推动构建具有中国特色的应急管理法律法规体系。支持各地因地制宜开展应急管理地方性法规规章制修订工作。持续推进精细化立法，健全应急管理立法立项、起草、论证、协调、审议机制和立法后实施情况的评估机制。完善应急管理规章、规范性文件制定制度和监督管理制度，定期开展规范性文件集中清理和专项审查。完善公众参与政府立法机制，畅通公众参与渠道。开展丰富多样的普法活动，加大典型案例普法宣传。

2. 进一步加强安全生产应急救援力量建设

1) 强化国家级安全生产应急救援力量

国家级安全生产应急救援队伍是由应急管理部牵头规划、国家安全生产应急救援中心命名，在重点行业领域依托中央企业、省属企业或重点单位建立的国家级专业应急救援队伍，是国家综合性常备应急骨干力量的重要组成部分，是矿山、隧道、危险化学品、油气开采和管道输送等行业领域事故灾害救援不可或缺的中坚力量。

到 2025 年，国家级安全生产应急救援队伍能力现代化建设将取得重大进展，将在现有队伍规模的基础上，新建一批队伍，队伍总数达到 120 支左右、人数 2.5 万人左右。队伍结构更加完善、布局更加合理、反应更加灵敏、行动更加快捷，跨区域救援实现 5 小时内到达事故现场，先进适用装备的应用水平显著提升，生产安全事故应对处置能力显著增强，先进救援理论武装水平、规范化管理水平、信息化智能化装备水平和综合保障能力大幅提升。到 2030 年，跨区域救援实现 3 小时内到达事故现场。

(1) 积极履行国家综合性常备应急骨干力量的职责使命，发挥主导作用，聚焦主责主业，坚决扛起矿山、危险化学品、隧道施工、油气开采和管道输送等行业领域重特大事故救援重要任务。发挥协同作用，适度拓展专业救援能力，在地震搜救、地质灾害救援、抗洪抢险、火灾扑救等灾害抢险救援中贡献力量。发挥预防作用，积极开展预防性安全检查和安全应急技术服务，助力企业防范化解安全风险。发挥服务作用，拓展社会化市场化救援技术服务，积极为驻地周边企业、城市、乡村提供有限空间作业、雨季防洪、防雷电、防排水等安全应急技术服务。发挥科普宣传作用，参加安全常识、应急救援知识技能科普培训服务，提高社会公众安全防范、紧急避险和应急处置能力水平。

(2) 加强队伍共建共管机制建设。国家安全生产应急救援队伍由应急管理部与队伍属地人民政府、依托单位三方采取联合的方式进行建设和管理，依托单位负有主体责任。应急管理部授权国家安全生产应急救援中心依法负责国家安全生产应急救援队伍的协调指挥，综合考虑事故风险分布特点、经济社会发展趋势和应急救援力量建设现状等因素，统筹优化队伍规模、结构、布局，制定队伍建设标准，建立队伍管理、训练和应急救援等制度规范，指导队伍应急准备、防范风险、训练演练和事故救援等工作。建设集指挥、技术人才培养、科技装备研发、救援人员实训实练和科普宣传等功能于一身的国家安全生产应急救援科研实训演练中心，为生产安全事故应急工作提供人才、技术和装备支撑。管好用好国家安全生产应急能力建设专项资金，支持队伍先进适用装备配备，扶持队伍救援能力提升，保障国投救援装备运行维护、队伍应急救援补助、实训演练等费用支出。建立运行维护费使用过程的监督检查制度，完善国投救援装备管理规章。各省级应急管理机构和国家矿山安全监察局各省级局要将国家安全生产应急救援队伍纳入本地区应急救援的骨干力量进行管理。依托单位要将国家安全生产应急救援队伍建设作为履行政治责任、社会责任和彰显使命担当的重要任务。

国家安全生产应急救援中心、各省级应急管理机构和国家矿山安全监察局各省级局、依托单位均可调动国家安全生产应急救援队伍开展事故灾害救援工作。坚持"谁调动、谁负责"的原则，将国家安全生产应急救援队伍纳入相应的事故灾害救援指挥体系，协调公安、交通等部门确保救援力量快速投运，进行一体化指挥和战勤保障。国家安全生产应急救援队伍参加生产安全事故救援时，应当服从现场指挥部的统一指挥，同时，要健全完善队伍现场救援指挥机制。

统一国家安全生产应急救援队伍建设标准和考核标准，对队伍实行动态管理，对规定时间内不达标的国家安全生产应急救援队伍要启动退出机制。

(3) 加强队伍应急救援能力建设。提高队伍快速出动能力。建立队伍应急响应快速启

动机制，加强对各类事故灾害处置技术、战术研究和训练，定期开展力量集结、战斗编成、通信联络、组织指挥等应急救援业务训练和模拟实战演练，强化队伍快速反应能力。建立救援车辆道路通行快速审验制度。配齐配强快速吊装运输装备，健全大型救援装备快速投送机制。提高队伍生命搜救能力，普及推广矿山(隧道)救援联络信号运用。鼓励依托单位为国家安全生产应急救援队伍提供专项科研经费，开展科研发明、技术创新、模式革新、装备设计和意见建议等"五小"实用性科技装备创新。

(4) 加强队伍先进适用装备配备，注重救援装备与队伍承担的救援任务相匹配，强化救援装备实操性训练演练。健全救援装备、物资储备和调用机制，对国家安全生产应急救援队伍配备的定向钻机等大型救援装备采取托管的方式进行专业化管理，提高库存装备物资和国家安全生产应急救援队伍现有救援装备的利用率。建立社会救援装备物资征用机制，确保应急状态下特殊装备快速有效征用。加快队伍信息化、智能化建设。健全完善覆盖国家安全生产应急救援队伍的信息化系统，为事故救援队伍、装备快速调动，远程分析研判、专家会商、指挥决策，以及日常线上培训、演练观摩等提供平台，并实现与应急管理部相关系统对接。配备事故现场信息采集、单兵通信终端和音视频通信装备，畅通应急救援前后方通信联络。推动智能化技术在救援中的应用，加强自动排水机器人、应急处置机器人、无人化生命救援、弱通信条件及受限空间无人自动探测搜寻等智能化装备配备。

(5) 加强指挥人才培养，加强救援卓越工程师培养，加强队伍职业保障政策建设。根据国家安全生产应急救援队伍担负的职责使命和不断拓展的救援领域，招录不同专业的技术人才，尤其要从安全生产岗位招录实践经验丰富的成熟技术人才。注重在一线培养和锻炼技术人才，增强其在先进装备配备使用、业务培训、科研攻关、救援方案优化和事故案例复盘总结等方面的本领和能力。不断拓展应急救援职业发展空间。将应急救援人员纳入特种作业人员，规范国家安全生产应急救援队伍用工方式和招录条件，逐步减少劳务派遣工，鼓励接收吸纳退役军人和消防救援人员。

2) 新建空白领域安全生产应急救援队伍

"十四五"期间，要提升航空综合救援能力，建设具备高原救援、重载吊装、远程侦察等能力的航空应急救援和航油航材应急保障力量。完善应急救援航空调度信息系统。建设航空应急科研基地。完善一批运输、通用机场，配备航空消防、气象保障、航油储备、夜间助航、检修维修等保障设施设备。新建应急救援飞行器维修维护基地，以及集航空应急救援训练、培训、演练、保障、服务等功能于一体的综合航空应急服务基地。完善森林航空护林场站布局，改造现有航空护林场站，新建一批全功能航站和护林机场。在森林火灾重点区域，合理布设野外停机坪和直升机临时起降场、灭火取水点和野外加油站。

3. 进一步加强自然灾害应急救援力量建设

"十四五"期间，在地震易发高发和地质灾害高风险地区，将建设国家级地震和地质灾害应急救援队伍，配备高精度智能生命搜救、高通量卫星通信、高智能救援机器人、高集成战勤保障等关键装备，形成重特大地震和地质灾害救援能力。各地依托地方应急救援力量，建设完善地震和地质灾害救援队伍，配备生命侦测、工程机械、卫星通信等装备，确保在地震和地质灾害发生后第一时间开展救援。

依托应急管理部自然灾害工程救援基地，以及水利水电、建筑施工、港航领域大型企

207

业，在洪涝灾害高风险区域，要建设国家和区域性自然灾害工程应急救援队伍，进一步强化动力舟桥、挖装支护、排水救援、清淤清障、路桥抢通等特种救援装备配备，形成重大洪涝灾害工程救援攻坚能力。地方应急管理部门依托辖区内防汛机动抢险队伍、抗旱排涝服务队伍、工程施工企业等应急资源，配备抗洪抢险常规装备物资，确保遇有险情第一时间实施救援。

4. 建设区域应急救援中心、省级综合性应急救援基地，优化布局，整合力量，协作应急

搞好专业性应急救援队伍能力建设上层设计，体制方面建立国家区域、省级应急救援中心，健全国家应急指挥、装备储备调运平台体系。在国家 6 个区域(东北、华北、西北、西南、华中、东南)和省级层面对应急资源管理调配、救援行动组织实施等进行统一管理、统一调动、统一指挥，形成"全灾种、全天候、全范围"的"大应急"模式。

"十四五"期间，我国将建设并完成国家应急指挥总部和华北、东北、华中、东南、西南、西北等 6 个国家区域应急救援中心，在实战救援中发挥"尖刀拳头"作用，引领地方应急救援力量体系和能力建设发展。

(1) 2022 年 7 月 7 日上午，国家西南区域应急救援中心建设项目开工活动在成都市金堂县淮州新城举行，它是 6 大国家区域应急救援中心之一，由应急管理部和四川省人民政府共同建设。具体建设内容包括中心技术业务楼、队伍营房、中心备勤楼、综合生活服务楼、装备储运仓库、战备车库、综合训练教学楼、综合训练体育馆、实战模拟训练设施，以及相关附属工程、总图工程和仓储物流、航空保障等设施，总建筑面积 65 269.84 平方米，并配备相关救援、指挥、训练、运行管理设备设施，征地面积 816 亩。西南中心将突出航空尖兵建设，具备应急指挥、综合救援、培训演练、装备储运等基本功能，打造专业救援尖刀和拳头力量，重点担负重特大地震、地质灾害和森林草原火灾等救援任务，救援范围辐射四川、重庆、贵州、云南、西藏等地区，建设"立足四川、辐射西南、多灾种救援、一专多能"的区域应急救援中心，并与其他国家区域应急救援中心、国家综合性消防救援队伍、各类专业应急救援队伍共同构建重大自然灾害救援网络。

(2) 2021 年 7 月 19 日，国家发改委已批复同意在武汉经开区通航产业园建设国家华中区域应急救援中心主功能区。除在武汉建设主功能区外，还将在荆州市洪湖市新滩镇建设水上救援训练基地。华中中心总投资 10.13 亿元，计划 2023 年正式运行，建成后将常驻约 300 人，轮训驻勤约 500 人，常年保障 3～5 架大型直升机驻勤。中心是国家应对特别重大灾害的专业性区域应急指挥协调中心和物资储备、调运基地，对特别重大灾害就近快速响应、组织专业救援、调运应急资源、协助灾区党委政府实施专业指挥协调，将按照"一个机构"(区域应急指挥部)和"四个基地"(综合救援基地、培训演练基地、物资储备基地、航空保障基地)的基本功能建设。中心建成后主要负责湖北、安徽、江西、湖南、河南、江苏等 6 省的重大洪涝灾害救援任务。

(3) 2022 年 11 月 7 日，国家东南区域应急救援中心在广东潮州开工建设，该项目重点担负台风及其次生、衍生灾害应急救援等任务，救援范围辐射广东、广西、海南、福建、浙江、上海等地区，预计 2024 年建成投用。

(4) 2022 年 10 月 9 日，国家西北区域应急救援中心建设项目在甘肃省公共资源交易中心兰州新区分中心顺利完成资格预审招标工作，项目估算总投资 99 119 万元。项目主要建

设指挥调度、综合演练、航空保障、装备储备、培训教学、后勤保障等基础设施,以及停机坪、地震地质灾害和冰雪灾害训练场等场地,配备相关装备器材、室外三网、道路、场地硬化、绿化等附属工程。项目总建筑面积 66 576 平方米,计划 2024 年 10 月竣工。项目建成后,在重大地震、地质灾害和冰雪灾害时可以担负甘肃、陕西、青海、宁夏、新疆及内蒙古 6 省区救援任务,具备应急指挥、综合救援、培训演练、装备储运等功能,可与区域内现有基地相互补充、形成联动,带动区域内综合救援能力整体提升。

(5) 2022 年 6 月 6 日,从河北省应急管理厅获悉,国家华北区域应急救援中心建设项目可行性研究报告已获国家发展改革委批复,项目在张家口市万全区建设,用地 666 697.01 平方米,总建筑面积 70 591.27 平方米,主要由指挥、培训、航空保障、装备储运、营房生活等建筑群及实训演练场景设施(含构筑物)组成。国家华北区域应急救援中心项目总投资为 148 401 万元,中央财政预算 82 454 万元,地方财政预算 65 947 万元。中心常驻 300 人、轮训驻勤 500 人,能够保障 3~5 架大型直升机驻勤。华北中心将纳入国家综合性消防救援队伍体制,由应急管理部和河北省人民政府负责组织指导建设,由河北省应急管理厅具体实施,承担北京、天津、山西、山东、内蒙古中部等地区地震地质灾害、森林草原火灾、洪涝灾害等救援任务。

(6) 2022 年 11 月 9 日,国家东北区域应急救援中心由国家发展和改革委员会批准建设,建设地点在黑龙江省大庆市萨尔图区,总建筑面积 70 808 平方米,主要建设应急指挥楼、营房、备勤楼、综合服务楼、综合训练教学楼、装备储运仓库等建筑物,以及训练场地、各类灾害场景模拟设施等构筑物,配备应急指挥、信息化系统、后勤保障、专业救援、训练演练和仓储物流等装备器材,预算金额 72 121.75 万元。

5. 理顺应急救援队伍的综合保障机制

应急救援具有社会公益性质,应急主体是政府,政府可以向企业购买服务,这就需要明确企业在应急救援行动中的权利、义务等法定责任。

必须健全应急救援队伍的综合保障机制,如果政府依托优势企业建立救援队,就要有利益补偿机制,包括政府财政预算、商业保险和社会捐助等。财政预算主要针对自然灾害、公共卫生和社会安全等事件;商业保险主要针对事故灾难;社会捐助则适用于各类救助活动。

必须要对建设救援队的企业有激励政策,比如税收优惠政策,激发企业建立救援队的动力。

必须建立应急救援补偿制度,应坚持以下三个原则:一是事故单位承担原则,事故灾难救援是因事故单位引起的,应当由事故责任单位承担事故救援费用支出。二是成本原则,事故救援具有一定的公益性,事故救援补偿以弥补事故救援成本为限,不能以营利、暴利为目的。三是以政府承担最终补偿为原则,事故救援的社会性、公益性决定了当救援队伍承担政府指令完成救援任务,而事故单位无力承担事故救援费用时,政府应当建立财政最终补偿制度。

建立应急救援队伍社会化服务的收费管理制度。省级应急管理部门应联合价格主管部门制定相关办法。在收费的原则方面,应遵循公开、公平、公正、合理的原则;在收费的标准方面,应实行政府指导价,各省、自治区、直辖市价格主管部门制定具体的收费项目

209

和标准，救援队伍与服务对象签订收费合同或协议。救援队应严格加强内部管理，降低服务成本，严格按照业务规程和合同为服务对象提供服务，收取的服务费必须单独建账，确保专款专用。各级应急管理部门要协助价格主管部门做好救援费用管理工作，加强对救援队伍提供救护服务活动的监督检查。

1) 应急救援领域中央与地方财政事权和支出责任划分改革方案

2020 年 7 月 4 日，国务院办公厅印发《应急救援领域中央与地方财政事权和支出责任划分改革方案》，该方案的部分内容如下：

(1) 预防与应急准备。

① 应急管理制度建设。将研究制定应急救援领域法律法规和国家政策、标准、技术规范，国家级规划编制，国家总体应急预案和安全生产类、自然灾害类专项预案编制，应急预案综合协调衔接，中央部门直接组织的全国性应急预案演练等，确认为中央财政事权，由中央承担支出责任。将研究制定应急救援领域地方性法规和政策、标准、技术规范，地区性规划编制，地方应急预案编制，地方应急预案演练等，确认为地方财政事权，由地方承担支出责任。

② 应急救援能力建设。将国家应对特别重大灾害和事故协调联动机制建设、国家综合性消防救援队伍管理、国家应急指挥总部建设与运行维护、国家应急物资储备，确认为中央财政事权，由中央承担支出责任。将国家区域应急救援中心建设与运行维护、国家综合性消防救援队伍建设、国家级专业应急救援队伍建设，确认为中央与地方共同财政事权，由中央与地方共同承担支出责任。将地方应急救援队伍建设、应急避难设施建设、地方应急物资储备，确认为地方财政事权，由地方承担支出责任。

③ 应急管理信息系统建设。将全国统一的应急管理信息系统建设，确认为中央与地方共同财政事权，由中央与地方按照相关职责分工分别承担支出责任，其中中央主要负责信息系统的规划设计、中央部门信息系统软硬件配备及维护支出，地方主要负责地方各级信息系统软硬件配备及维护支出。

④ 应急宣传教育培训。将中央部门直接组织开展的全国性应急宣传教育培训工作，确认为中央财政事权，由中央承担支出责任。将地方组织开展的应急宣传教育培训工作，确认为地方财政事权，由地方承担支出责任。

(2) 应急处置与救援救灾。

将特别重大事故调查处理，特别重大自然灾害调查评估，安全生产类、自然灾害类等突发事件的国际救援，确认为中央财政事权，由中央承担支出责任。将煤矿生产安全事故调查处理、国家启动应急响应的特别重大灾害事故应急救援救灾，确认为中央与地方共同财政事权，由中央与地方共同承担支出责任。将其他事故调查处理、自然灾害调查评估、灾害事故应急救援救灾等，确认为地方财政事权，由地方承担支出责任。中央预算内投资支出按国家有关规定执行，主要用于中央财政事权或中央与地方共同财政事权事项。

2) 事故灾害应急抢险救援费用补偿办法

山西省人民政府 2022 年 9 月 1 日起施行《山西省事故灾害应急抢险救援费用补偿办法(试行)》，该文件中明确了以下事项：

(1) 人工补助费的标准原则上按照山西省上年度城镇私营单位就业人员日平均工资收

入的 2 倍确定(有行业标准的依据行业标准执行)。

(2) 伙食费按每人每天 100 元标准给予补助,住宿费按实际发生金额但不超过每人每天 300 元的标准给予补助,事发地人民政府及有关单位保障食宿的,不再给予食宿费补助。

(3) 装备费指应急抢险救援队伍使用自带及因抢险救援需要临时购置装备,在应急抢险救援过程中产生的费用,运输抢险救援设备的车辆,以及通信、发电、吊装、食宿等保障车辆及大型特种装备不在补偿范围。

(4) 交通运输费指应急抢险救援人员、车辆及设备往返出发地和抢险救援现场发生的交通、运输费用,按照实际发生金额计算。

6. 加强救援队伍内涵建设,坚持特色发展之路

应急救援的复杂性,要求在建立应急救援队伍时,首先考虑队伍的专业应急救援技能,走职业化、专业化发展之路。根据队伍担负的使命任务,确立相应的职业标准和与之相匹配的职业技能、职业素养,探索建立符合应急救援职业特点的职务职级管理体系,实行专门管理和政策保障,推动应急救援队伍建设实现标准化、规范化、制度化。坚持让专业的队伍干专业的事,进一步明确应急救援队伍职责定位,明确承担规划服务区域内事故灾害救援任务,并依据任务对其进行专业理论、技术标准、职业道德等方面的长期教育。

其次,还要推动救援队走"一专多能、一队多用"之路,要与当地的经济、工业类型相结合,安全生产救援的可以跨界到自然灾害救援;自然灾害救援的也可以跨界到安全生产救援,也可以内部拓展。关键是要走特色发展之路,做到"人无我有、人有我精"。

第三,不要"样样行、样样松",应急救援过程的复杂性,要求掌握不同应急救援专业技能的队伍充分发挥自身的行业优势、专业优势,更要求不同队伍之间要分工协作、协调应对。因此,在应急救援队伍建设中,一方面必须明确不同队伍的责任与义务,另一方面也要确立队伍之间良好的、有机的协调关系,分工协作。

进一步加强救援队伍内涵建设,提高应急救援能力,促进队伍素质提高。救援队要加强岗位业务技能考核,建立完善业务技能考核体系,形成职责明确、业务量化、能上能下的竞争考评机制,严格专业人员职称评审,拓展人才培养晋升渠道。

(1) 应急管理系统奖励暂行规定(摘录)。

2020 年 11 月 10 日,应急管理部、人力资源和社会保障部印发《应急管理系统奖励暂行规定》(以下简称《规定》)。

《规定》指出:为激励应急管理系统广大干部职工和消防救援指战员职业荣誉感、自豪感,做到对党忠诚、纪律严明、赴汤蹈火、竭诚为民,履行防范化解重大安全风险、及时应对处置各类灾害事故的重要职责,担负起保护人民群众生命财产安全和维护社会稳定的重要使命,根据国家有关法律法规,制定本规定。本规定适用于对全国各级应急管理部门、地震机构、矿山安全监察机构及其所属单位,国家综合性消防救援队伍、安全生产等专业应急救援队伍,以及参加应急抢险救援救灾任务的社会应急救援力量的集体和个人的奖励。

奖励分为集体奖励和个人奖励。奖励由低至高依次分为:嘉奖、记三等功、记二等功、记一等功、授予称号。授予个人称号分为"全国应急管理系统一级英雄模范""全国应急管理系统二级英雄模范";授予集体称号的名称,根据被授予集体的事迹特点确定。

(2) 消防救援队伍启用新制服。

2018 年 11 月 9 日零时起,国家综合性消防救援队伍制式服装和标志服饰正式启用。

春秋(冬)常服、作训服，颜色选用深火焰蓝色，突出消防救援队伍的职业特性。

(3) 关于规范国家安全生产专业应急救援队作战训练防护服和标志标识的通知。

2022年3月6日，国家安全生产应急救援中心印发文件《关于规范国家安全生产专业应急救援队作战训练防护服和标志标识的通知》，就国家专业队作战训练防护服和专用标志标识，进行了明确的规范，编制了《国家安全生产专业应急救援队作战训练防护服和标志标识规范(2022年版)》。主标志(队徽)整体呈不规则形，中间是橄榄枝环绕着的盾牌、绳子、五星、四叶草及锤头镐头齿轮组合，下方是双手和山，最下方飘带写有"中国应急救援"和"NATIONAL EMERGENCY RESCUE"字样(见图8.1)。各个国家安全生产专业性应急救援队陆续换装(见图8.2)。

图8.1　国家安全生产专业应急救援队主标志(队徽)图形

图8.2　2022年8月1日上午，国家矿山应急救援神华宁煤队隆重举行换装仪式

7. 大力培养应急救援人才

要推动有关部门、地方政府、高校、企业建设应急安全高技能人才培养基地和实战实训基地，开展应急管理特色学科和重点实验室建设，培育现代化应急指挥和救援人才。

(1) 应急救援员职业资质认定。

救援队指战员是从事突发事件的预防与应急准备、对受灾人员和公私财产进行救助、组织自救、互救及救援善后工作的人员。

救援行业同警察、医生一样，都是牺牲自己为人民服务的行业，但他们现在还没有与警察、医生一样的社会地位或是社会认同。设置职业资质认定，一是可以使广大人民群众更进一步了解救援行业；二是使救援员建立起自我认同，实现自我价值自信心。同时也可以从另一个角度宣传应急救援行业，便于政府普及应急救援基本常识，提升全民救援能力，保障在重大安全事故面前，不慌乱，妥善处理，保障国家安全稳定。

2015 年 10 月，国家将"应急救援员"列入国家职业分类大典，应急救援员成为一种法定职业，职业编码：3-02-03-08。2017 年 9 月 12 日，国务院批准的《国家职业资格目录》将"应急救援员"作为水平评价类技能职业资格予以保留，与消防员、森林消防员等职业并列。新的《国家职业资格目录》将原来的 600 多个职业门类减少至 140 个，在国家大力清理职业资格的背景下，仍然保留了应急救援员职业，既说明了这项职业的重要性，更体现了国家对此职业的高度重视。

2019 年 10 月，国家针对应急救援队伍提出设置"应急救援证"，它是由人力资源和社会保障部批准，民政部紧急救援促进中心颁发的应急救援员职业资格证书。应急救援人员将作为国家职业体系认证序列的正式成员，旨在为普通民众及相关职业人员进行系统化的、专业的应急救援训练，提供了相应的法律保护，从而达到提高基层应急救援能力的目标。与此同时，《应急救援员国家职业技能标准》明确了相应职业技能等级的应急救援员需要具备的职业道德、专业技能和相关知识要求，并要求采取理论知识考试、技能考核综合评审相结合的方式对相应等级的职业技能进行鉴定。因此，设置专业救援员职业资质认定势在必行，救援队指战员从事救援技术服务必须持证上岗。

应急救援员设置不同等级资格证，分为一至五级，分别对应高级技师、二级技师、高级工、中级工和初级工(见图 8.3)。同时，因为自然灾害、事故灾难种类繁多，四至二级设立 4 个专业方向，即矿山(隧道)救援、危险化学品应急救援、陆地搜救与救援和水域搜索与救援(见图 8.4)。

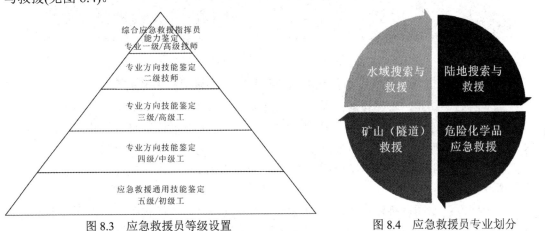

图 8.3　应急救援员等级设置　　　　图 8.4　应急救援员专业划分

(2) 筹建应急管理大学，培养"应急技术与管理""应急管理"等专业人才。

燕郊镇隶属于河北省廊坊市三河市，西隔潮白河与北京市通州区相望，因春秋时期地

213

处燕国都城之郊而得名。

华北科技学院和防灾科技学院都位于燕郊镇，两所高校仅一墙之隔。为了加强应急管理体系和能力建设，应急管理部党委决定将两所高校合并，组建应急管理大学。目前，有关应急管理大学建设的申报材料已由应急管理部正式报送教育部审核。据了解，应急管理大学占地2093亩，总投资约69亿元，拟设置70个左右的本科专业。新校区建成后，招生规模可达15 000人，主要承担应急管理类、应急技术类、安全工程类、化学工程类、防灾减灾类、地震地质类、安全监管类本科生、研究生的人才培养，以及应急管理干部专业化培训、应急文化建设以及应急管理领域国际合作交流等功能，逐步推进救援人才建设，为应急管理培养后备人才(见图8.5)。

图8.5　应急管理大学筹建中

8. 加大科技投入，建设应急管理部重点实验室、促进应急装备的现代化

"十四五"期间，将建设应急装备现代化项目，开展决口封堵、森林(草原)灭火两栖飞机、隔离带快速开设、智能无人搜救、矿山(隧道)快速构建救生通道、井下应急通信、水下抢险机器人等技术与装备研究开发；推广应用危险化学品储罐灭火装备、矿山大型钻探救援装备、矿山快速排水、超压超深高含硫油气田事故救援技术装备，培育复杂环境下的救援利器。

"十四五"期间，将建设救援现场技术支撑力量项目，依托相关科研院所、高校等企事业单位，建设现场应急勘测专业力量，配备现场测绘、侦察勘测、动态模拟等装备，为危险化学品等领域重特大生产安全事故和山体滑坡、泥石流、堰塞湖等复杂自然灾害工程

抢险救援，提供辅助决策和现场技术支撑。

1) 应急管理重点实验室

由于应急救援属于小众技术，市场小、用户少、技术要求高，投入产出比低，所以离不开国家的资金政策的支持投入。

(1) 2020 年 6 月 24 日，下发《应急管理部办公厅关于印发〈应急管理部重点实验室管理办法〉的通知》(应急厅〔2020〕28 号)。

(2) 2020 年 10 月 26 日，下发《应急管理部办公厅关于开展 2020 年度应急管理部重点实验室申报工作的通知》(应急厅函〔2020〕294 号)，其中明确重点实验室的申报共有 5 个大方向、23 个具体方向(见表 8.1)。

表 8.1 应急管理部重点实验室申报方向

序号	申报大方向	申报方向
1	安全生产	煤矿安全
2		金属非金属矿山(含尾矿库)安全
3		石油天然气安全
4		危险化学品安全
5		烟花爆竹安全
6		工贸安全
7	自然灾害防治	森林草原火灾风险防控
8		洪旱灾害风险防控
9		地震灾害风险防控
10		地质灾害风险防控
11		多灾种复合链生灾害综合风险防控
12	消防安全	城市火灾防控
13		火灾扑救
14		火灾爆炸事故勘验
15	应急处置与救援	应急通信与指挥调度
16		险情侦测与应急处置
17		无人机与智能装备
18		救援人员个体防护与职业健康
19	高新技术应用及其他	通导遥技术综合应用
20		大数据与人工智能技术应用
21		城市灾害事故综合风险防控
22		工业互联网+安全生产
23		重大基础设施综合风险防控

(3) 2023 年 1 月，应急管理部批准建设 31 家重点实验室，具体名单见表 8.2～表 8.4。

表8.2 应急管理部重点实验室挂牌组建名单

序号	实验室名称	依托单位
1	煤矿灾害预防与处置	应急管理部国家安全科学与工程研究院、重庆大学、山东科技大学
2	矿山边坡安全风险预警与灾害防控	中国科学院武汉岩土力学研究所、中国安全生产科学研究院
3	危险化学品安全风险预警与智能管控技术	应急管理部化学品登记中心、中国石油化工股份有限公司青岛安全工程研究院、沈阳化工研究院有限公司
4	冶金工业安全风险防控	北京科技大学、中国安全生产科学研究院
5	森林火灾监测预警	中国科学技术大学、应急管理部四川消防研究所
6	洪涝灾害风险预警与防控	河海大学、应急管理部国家自然灾害防治研究院、国家气象中心
7	滑坡灾害风险预警与防控	成都理工大学、应急管理部国家自然灾害防治研究院
8	山区灾害风险预警与防控	四川大学、应急管理部国家自然灾害防治研究院
9	电力大数据灾害监测预警	国网湖南省电力有限公司

表8.3 应急管理部重点实验室首批创建名单

序号	实验室名称	依托单位
1	煤矿智能化与机器人创新应用	应急管理部国家安全科学与工程研究院、中国矿业大学(北京)、中国科学院自动化研究所
2	油气生产安全与应急技术	中国石油大学(北京)、应急管理部国家安全科学与工程研究院
3	重大危险源与化工园区系统安全	中国安全生产科学研究院、中国石油大学(华东)
4	森林草原火灾风险防控	中国消防救援学院、应急管理部国家自然灾害防治研究院、北京林业大学
5	地震灾害防治	中国地震局工程力学研究所、哈尔滨工业大学
6	地质灾害风险防控与应急减灾	中国科学院水利部成都山地灾害与环境研究所、应急管理部国家自然灾害防治研究院、昆明理工大学
7	复合链生自然灾害动力学	应急管理部国家自然灾害防治研究院、中国科学院大气物理研究所、中国科学院地理科学与资源研究所
8	工业与公共建筑火灾防控技术	应急管理部天津消防研究所、中国安全生产科学研究院、中国消防救援学院
9	灭火救援技术与装备	应急管理部上海消防研究所、江苏大学
10	应急指挥通信技术应用创新	应急管理部通信信息中心、北京邮电大学、西安电子科技大学
11	应急卫星工程与应用	应急管理部国家减灾中心、应急管理部国家自然灾害防治研究院、中国科学院空天信息创新研究院、中国空间技术研究院
12	城市安全风险监测预警	深圳市城市公共安全技术研究院有限公司、同济大学、应急管理部通信信息中心
13	工业互联网＋危化品安全生产	南京工业大学、中国安全生产科学研究院、中国工业互联网研究院

表8.4 应急管理部重点实验室重点培育名单

序号	实验室名称	依托单位
1	智能装备	浙江大学、新兴际华(杭州)智能装备有限公司、应急管理部国家安全科学与工程研究院
2	医学救援关键技术装备	应急总医院、天津大学、天津大学温州安全(应急)研究院
3	大数据与人工智能应用创新	应急管理部通信信息中心、清华大学合肥公共安全研究院、北京百度网讯科技有限公司
4	氢能安全	中国石油化工股份有限公司青岛安全工程研究院
5	灾害链监测评估与风险防范	应急管理部国家减灾中心、武汉大学、中国科学院地理科学与资源研究所
6	防火阻燃技术	应急管理部四川消防研究所、四川大学、同济大学
7	工业安全事故分析与监测预警	华北科技学院、中国科学院合肥物质科学研究院
8	无人机应急救援技术	中国消防救援学院、中国科学院工程热物理研究所、深圳市大疆创新科技有限公司
9	城市道路与地下空间安全检测与评价	应急管理部国家安全科学与工程研究院、中国矿业大学(北京)

(4) 2021年11月26日，下发《国家矿山安全监察局综合司关于印发〈国家矿山安全监察局重点实验室管理办法(试行)〉的通知》(矿安综〔2021〕67号)。

2) 建设国家"应急通信专网"和"应急云"重大工程

2005年，美国卡特里娜飓风报告关于应急通信的经验教训提到："首要考虑的应该是通信。一次又一次地表明缺乏有效的通信被认为对事件响应和恢复行动产生负面影响。来自当地的第一响应人员、地方、州和联邦官员和军事人员，通信的中断妨碍了协调和恢复行动。在响应中的长期拖延可以直接归因于官员无法与其他人以及那些有能力帮助他们的上层官员沟通"。

无论多么完善的应急通信指挥系统都是只能做到事后的仓促应对。应急通信专网可以变消极被动为积极主动，使突发事件造成的不利影响最小化。

(1) 专网特点：市场占有率1%，服务小众，典型生产商有摩托罗拉、爱立信、中兴、海能达。窄带语音+宽带数据，不需要100%地域覆盖，有业务优先级要求，自建自用效益差。

(2) 公网特点：市场占有率99%，服务大众，典型生产商有华为、中兴等。(语音+窄带数据)过渡到(VoLTE+宽带数据)，尽可能100%地域覆盖。平均利用业务资源，统建租用效益高。

应急通信专网必须走窄带通信与宽带通信的融合之路。

(1) 窄带通信：一般采用大区制网络，覆盖范围大，高效稳定。接收机有较高的灵敏度，发射机功率高。占用较少的频谱资源，可以在较低的频段工作，穿透绕射能力强。传输速率低或不支持数据通信，保密性差，以语音通信为主。

(2) 宽带通信：大多数采用小区制加主干网回程互联方式，单站覆盖范围小，全网覆盖范围广。接收机具有中等灵敏度，发射机功率较小。占用较多的频谱资源，多采用 OFDM 先进调制技术，工作在较高的频段，穿透能力弱。传输速率高，一般为几十至几百兆比特每秒。支持加密，安全保密性高，以多媒体数据通信为主。

2006 年国家投资 2.74 亿元，建设国家安全生产信息系统"金安"一期工程：资源专网建设，在全国部分区域初步建成安全生产信息化体系。对专网覆盖范围的煤矿重大生产事故隐患纳入安全生产信息系统管理监察达到 100%，对煤矿执法文书的数字化处理达到 100%，入库率达到 100%，对高瓦斯矿井监管覆盖可达 98%以上。全国安全生产统计月报上报时间由每月 25 日提前到 15 日。安全生产调度快报由每月 15 日提前到 2 日。各类伤亡事故的报送准确率达到 100%，事故信息完整率达到 100%。有关特别重大事故、重大事故信息上报在专网覆盖范围的系统内实现随时报送。《安全生产"十二五"规划》在"金安"工程一期基础上，投资 17.7 亿元继续实施"金安"工程二期：补充和完成其余安全监管与煤矿安全监察机构的网络扩建，对原有监管和监察应用系统与数据库进行扩容升级，逐步建立和完善了国家安全生产监管、煤矿安全监察和安全生产应急救援指挥体制。

应急通信指挥系统不仅仅是传统意义上的通信，它以可视化指挥调度、应急指挥为核心，同时实现指挥调度功能、视频会议功能、集群对讲功能、视频监控功能、移动指挥功能、执法记录功能、应急预案功能、报警联动功能，以及数据实时回传录播功能等。由此产生海量的应急数据，建立公有"应急云"服务器可以更有效地实现资源共享和互联互通。

参 考 文 献

[1] 中华人民共和国法制办. 中华人民共和国突发事件应对法[M]. 北京：中国法制出版社，2007.

[2] 中华人民共和国法制办. 中华人民共和国安全生产法[M]. 北京：中国法制出版社，2002.

[3] 中华人民共和国国务院. "十四五"国家应急体系规划. 2022-12-14.

[4] 中华人民共和国应急管理部. "十四五"应急救援力量建设规划. 2022-06-22.

[5] 国家减灾委员会. "十四五"国家综合防灾减灾规划. 2022-07-21.

[6] 张强，谢静，杨晶，等. "十四五"期间社会力量参与应急管理的机遇探析与路径研究[J]. 中国应急管理科学，2022，04.

[7] 李明. 贵州专业化救援队伍建设分析及未来发展研究[J]. 消防界(电子版)，2019，5(16)：55-56.

[8] 梁文凯. 煤矿安全应急救援体系的问题及完善措施[J]. 能源与节能，2019，(08)：116-118.

[9] 吴绍辉. 新时代矿山救援队伍建设与发展[J]. 内蒙古煤炭经济，2019，(15)：163-164.

[10] 孙颖妮. 适应全灾种大应急任务需要，加强专业应急救援队伍综合能力建设[J]. 中国应急管理，2019，(07)：32-33.

[11] 赵生文，晏明来，于绍洋. "综合型"矿山救援队伍的创建探讨[J]. 山东煤炭科技，2019，(06)：201-203.

[12] 张峰，刘峰. 矿山救护消防队应急救援的主要任务探讨[J]. 决策探索(中)，2019，(05)：13-14.

[13] 赵原. 推动安全生产应急救援队伍走职业化、专业化、社会化道路：访应急管理部救援协调和预案管理局局长郭治武[J]. 劳动保护，2019，(05)：13-15.

[14] 张洋洋，马汉鹏，刘凯，等. 我国矿山救援队伍监管存在的问题与对策[J]. 华北科技学院学报，2018，15(06)：103-111.

[15] 高广伟，孔亮，张禄华. 国家和区域矿山救援队装备保障能力建设实践与思考[J]. 现代职业安全，2013，(06)：14-17.

[16] 芦永胜，张贵来，芦世和. 浅谈如何提升综合应急救援能力[J]. 煤矿开采，2018，23(S1)：99-102.

[17] 崔志方. 矿山应急救援体系存在的问题及对策分析[J]. 能源与节能，2018，(06)：143-144.

[18] 解学才，宫伟东，林辰，梁跃强. 我国煤矿应急救援现状分析研究[J]. 煤矿安全，2017，48(11)：229-232＋236.

[19] 王云辉. 危险化学品事故应急救援行动问题研究[D]. 南昌：南昌大学，2016.

[20] 王俊鹏. 突发环境事件应急救援队伍组成及职责[J]. 工程技术，2017，08(06)：367.

[21] 徐爱慧，陈虹，王巍. 美国突发事件搜救队伍分类分级及其对我国救援队伍建设的启示[J]. 灾害学，2018，33(01)：168-174.

[22] 孙天禹，王广荣. 略论国家应急救援力量人才队伍建设[J]. 中国应急救援，2018，(04)：22-25.

[23] 危化品应急救援体系建设成效明显：国家安全生产应急救援指挥中心党委副书记、副主任王海军答记者问[J]. 今日农药，2017，(06)：6-7.

[24] 于宁. 河南省水上搜救社会力量发展纪实[A]. 中国航海学会内河海事专业委员会. 2018 年海事管理学术年会优秀论文集[C]. 中国航海学会内河海事专业委员会：中国航海学会内河海事专业委员会，2018:3.

[25] 赵永华. 危险化学品事故应急救援互助模式研究[J]. 中国应急救援，2017(06)：21-24.

[26] 夏晨曦，韩辉. 某省域内企业应急救援能力实证研究及对策建议[J]. 化工进展，2017，36(S1)：521-524.

[27] 杨淞月，詹晓玲，徐曲，等. 湖北省安全生产专业应急救援队伍建设问题及对策[J]. 工业安全与环保，2019，45(10)：7-10.

[28] 孙佳瑜，刘广哲. 探索危化品应急救援队伍职业化之路[J]. 劳动保护，2019(01)：25-28.

[29] 徐华辉. 宁波市危险化学品企业应急管理现状、问题及对策[J]. 宁波工程学院学报，2018，30(04)：58-63.

[30] 黄东方. 我国应急救援装备体系的构建[J]. 消防科学与技术，2019，38(01)：134-137.

[31] 李运华. 化工园区重大危险源监管信息系统的研究[J]. 中国安全生产科学技术，2009，5(05)：139-143.

[32] 吕春阳. 中国石油应急管理体系与应急平台融合研究[D]. 吉林：吉林大学，2013.

[33] 李倩，刘彦华. 化工企业事故应急救援预案现状及改进建议[J]. 化工管理，2016，(18)：10.

[34] 高子文，王洪娟. 加快化工园区应急救援队伍改革：大亚湾模式的困境和出路探讨[J]. 劳动保护，2018，(09)：82-84.

[35] 顾瑛杰，唐明. 苏州市社会化环境应急救援队伍建设现状和对策研究[J]. 污染防治技术，2019，32(02)：24-25 + 32.

[36] 孙爱军. 工业园区事故风险评价研究[D]. 天津：南开大学，2011.

[37] 陈硕. 石化企业专职消防队应急救援能力提升研究[D]. 青岛：中国石油大学(华东)，2016.

[38] 庹雪娜. 大兴工业园区三家危化品企业事故后果模拟及应急能力评价研究[D]. 廊坊：华北科技学院，2018.

[39] 汪强. 封闭空间中基于 IMU 的便携式应急救援定位技术研究[D]. 成都：电子科技大学，2018.

[40] 刘凯. 化工安全应急救援培训效果评估研究[D]. 廊坊：华北科技学院，2018.

[41] 林棋衔. 危险化学品应急预案管理现状及建议[J]. 化工管理，2019，(06)：64-65.

[42] 王浩然. 液氨储罐泄漏事故应急救援体系可靠性研究[D]. 武汉：武汉工程大学，2017.

[43] 王慧飞. 应急之惑：应急救援与管理相关学科发展问题[J]. 安全，2017，38(10)：68-70.

[44] 王俊杰. 云南省危险化学品安全生产事故应急管理研究[D]. 昆明：云南大学，2013.

[45] 闪淳昌. 提升新时代我国应急管理水平[J]. 社会治理，2018，(05)：11-15.

[46] 矫冠瑛. 石油化工企业危化品事故应急救援体系的构建[J]. 安全，2018，39(08)：12-15.

[47] 陈国华，张良，高子文. 社会化危化品应急救援队伍建设和服务模式探索[J]. 中国安全生产科学技术，2016，12(02)：9-14.

[48] 李春辉，李洪洲，吴勇，等. 基于 GIS 的隧道坍塌救援管理系统的设计与开发[J]. 现代隧道技术，2018，55(04)：59-63 + 68.

[49] 李文娟. 国务院发布国家突发事件应急体系建设"十三五"规划将建立统一的应急管理标准体系框架[J]. 工程建设标准化，2017(07)：28.

[50] 国务院办公厅. 国家突发公共事件总体应急预案[M]. 北京：中国法制出版社，2005.

[51] 国务院办公厅. 国家自然灾害救助应急预案(国办函(2016)25 号). 2016-03-24.

[52] 程紫燕. 浅谈地震应急救援体系建设中存在的问题及改进建议[J]. 山西科技，2019，34(01)：99-100 + 103.

[53] 彭碧波，郑静晨. 我国应急管理部成立后应急救援力量体系建设与发展研究[J]. 中国应急救援，2018，(06)：4-8.

[54] 徐爱慧. 我国突发事件紧急救援队伍分类分级研究[D]. 北京：中国地震局地壳应力研究所，2018.

[55] 陈虹，闻明，王巍，徐爱慧. 地震灾害紧急救援队建设现状及能力分级测评[J]. 中国应急救援，2018，(03)：46-50.

[56] 陈晓燕，王婷. 河北省专业地震灾害紧急救援力量运行现状及分析[J]. 中国应急救援，2017，(05)：58-60.

[57] 李征. 福建省地震应急救援能力建设研究[D]. 福州：福建师范大学，2017.

[58] 杜文. 巨灾型突发事件应急救援体系研究[D]. 焦作：河南理工大学，2012.

[59] 邓起东，张裕明，环文林，等. 我国地震活动和地震地质主要特征[J]. 科学通报，1978(04)：193-199.

[60] 顾永强. 国外消防培训教育之法值得我国借鉴[J]. 安全生产与监督，2009，(5)：39-40.

[61] 李子彬，张丽珍. 救援技术专业人才培养的挑战与探索[J]. 科技风，2019，(15)：30.

[62] 张强，陈武锦，张晨然. 创新院校应急培养模式 加快信息化应急人才培养[J]. 经济研究导刊，2015，(10)：160-161+181.

[63] 黄凯. 关于综合性应急救援队伍建设的几点思考[C]. 中国消防协会. 2012中国消防协会科学技术年会论文集(下). 北京：中国科学技术出版社，2012.

[64] 李建华，张旭. 加强综合应急救援队伍建设 全面提高部队实战能力[J]. 中国应急救援，2012，(02)：32-35.

[65] 周阳. 全力打通应急救援职业化通道：国家安全生产应急救援中心有关负责人就《应急救援员国家职业技能标准》答本刊记者问[J]. 中国应急管理，2019，(02)：12-14.

[66] 宋江涛，傅智敏，何志远. 美国消防及应急救援高等教育课程体系概述[J]. 消防技术与产品信息，2009，(9)：77-79.

[67] 王雪梅，新体制下应急救援宣传人才专业素养及培养对策[J]. 河北职业教育，2018，2(05)：98-100.

[68] 陕西省应急救援体系建设指南编制项目取得阶段性成果[J]. 中国安全生产科学技术，

2019, 15(12): 142.

[69] 李洋. 树立"全灾种大应急"理念　推进应急救援队伍转型升级[J]. 中国应急管理, 2019, (12): 40-41.

[70] 应急管理部：应急救援力量体系重塑重构适应"全灾种"救援需要[J]. 中国安全生产科学技术, 2019, 15(09): 104.

[71] 吴凌飞. 浅谈全灾种任务下的综合性消防救援队伍指挥体系建设[J]. 数字通信世界, 2019, (09): 114.

[72] 付瑞平, 李康, 薛刚. 打造"一专多能"的新时代救援铁军：记山东能源淄矿集团矿山救护大队[J]. 中国应急管理, 2018, (11): 50-53.

[73] 张洋洋. 我国矿山应急救援队伍监管体制完善研究[D]. 廊坊：华北科技学院, 2018.

[74] 赵开功. 关于加快推进区域矿山应急救援队伍建设的思考[J]. 神华科技, 2016, 14(02): 19-21+25.

[75] 黄旺. 中国石化区域应急联防在日常管理和应急救援工作中的作用[J]. 企业导报, 2015, (16): 155-156.

[76] 侯利平. 我国应急救援资源整合机制研究[D]. 徐州：中国矿业大学, 2014.

[77] 刘兴江. 浅谈我市森林火灾救援力量建设[N]. 佛山日报, 2020-09-07(A10).

[78] 宋新春. 扎实推动森林草原灭火核心能力体系建设[J]. 中国安全生产, 2020, 15(8): 50-51.

[79] 谷春江. 森林防火救援队伍建设研究[J]. 农家参谋, 2020, (13): 133.

[80] 张明灿. 消防救援队伍参加森林火灾扑救新实践新路径[N]. 中国应急管理报, 2020-04-18(7).

[81] 白夜, 王博, 贾宜松, 武英达. 美国加州森林火灾概述及启示[J]. 消防科学与技术, 2020, 39(4): 557-560.

[82] 高超, 林红蕾, 胡海清, 等. 我国林火发生预测模型研究进展[J]. 应用生态学报, 2020, 31(9): 3227-3240.

[83] 闫铁铮, 胡博文, 闫德民, 等. 森林航空消防在森林火灾扑救中的作用分析[J]. 森林防火, 2019, (1): 41-45.

[84] 林丽梅, 苏忠斌. 基于无人机技术的消防可视化应急通信指挥体系构建[J]. 中国新通信, 2020, 22(21): 40-41.

[85] 祁新花. 全灾种综合性消防救援装备研究[J]. 智能城市, 2021, 7(7): 109-110.

[86] 朱均煜, 侯亚欣, 肖磊, 王慧飞, 杨明. 新时代社会救援力量建设可持续发展研究[J]. 消防科学与技术, 2021, 40(5): 747-750

[87] 谷春江. 地方社会救援队伍协调与建设路径探究[J]. 甘肃科技, 2021, 37(4): 84-87

[88] 启动灾害救援响应机制　提升应急救援实力：中国社会福利基金会蓝豹救援队综合演练纪实[J]. 中国社会组织, 2014, (14): 34-35

[89] 肖术连, 程奕, 郑逸, 等. 四川省社会救援力量救援支撑能力浅议[J]. 中国应急救援, 2019, (2): 38-41

[90] 程楠. 蓝豹, 走出国门的民间救援队[J]. 中国社会组织, 2015, (14): 40-41

[91] 周晓丽. 灾难性公共危机治理：基于体制、机制和法制的视界［M］. 北京：社会科

学文献出版社. 2008.

[92] 宋劲松，王宏伟. 美国应急志愿者管理制度及其经验借鉴[J]. 北京行政学院学报，
     2012，(04)：34-40.

[93] 郑琦. 美国社会组织如何参与救灾[J]. 中国党政干部论坛，2013，(08)：93-95.

[94] 邓莉，严晶. 87支应急救援队伍枕戈待旦 联防联控 荆州防溺水防汛有一套[J]. 湖北
     应急管理，2022，(08)：16-17.

[95] 邓莉，周晶，余轶曼. 从"车友"到"战友"这支民间应急救援队真"拉轰"[J]. 湖
     北应急管理，2022，(02)：40-41.